数据库原理实验指导书
（MySQL 版）

主　编　劳东青

副主编　王建夏　施明登　陈立平

东北大学出版社

·沈　阳·

© 劳东青 2023

图书在版编目（CIP）数据

数据库原理实验指导书：MySQL 版 ／ 劳东青主编
. — 沈阳：东北大学出版社，2023.7
ISBN 978-7-5517-3297-0

Ⅰ . ①数… Ⅱ . ①劳… Ⅲ . ①关系数据库系统 — 教材 Ⅳ . ①TP311. 132. 3

中国国家版本馆 CIP 数据核字（2023）第 126410 号

出 版 者：东北大学出版社
　　　　　地址：沈阳市和平区文化路三号巷 11 号
　　　　　邮编：110819
　　　　　电话：024 - 83680176（总编室） 83687331（营销部）
　　　　　传真：024 - 83680176（总编室） 83680180（营销部）
　　　　　网址：http://www.neupress.com
　　　　　E-mail: neuph@ neupress.com
印 刷 者：辽宁一诺广告印务有限公司
发 行 者：东北大学出版社
幅面尺寸：185 mm×260 mm
印 张：12.75
字 数：287 千字
出版时间：2023 年 7 月第 1 版
印刷时间：2023 年 7 月第 1 次印刷
策划编辑：曹 明
责任编辑：白松艳
责任校对：曹 明
封面设计：潘正一

ISBN 978-7-5517-3297-0 定 价：39.00 元

前　言

在互联网盛行的大数据时代，数据库技术作为一种基础且重要的数据处理手段，其应用遍及各行各业，如百度搜索引擎、铁路 12306APP、银行业务系统、教务管理系统等。数据库的操作、设计与开发能力已成为 IT 人员必备的基本素质。数据库课程是计算机类专业的专业基础课程，数据库技术及其应用正以日新月异的速度发展，因此，计算机及相关专业的学生学习和掌握数据库知识是非常必要的。

随着开源技术的日益普及，开源数据库逐渐流行并占据了很大的市场份额，其中 MySQL 数据库是开源数据库的杰出代表。由于具有轻便快捷、多用户、多线程和免费等特点，MySQL 成为最流行的关系型数据库管理系统之一，在 Web 应用方面受到国内外众多互联网公司和个人用户的青睐。基于此，本教材选用 MySQL 数据库管理系统作为实验平台。

本教材可用作计算机科学与技术、物联网工程、通信工程、网络工程等专业的数据库原理课程的配套实验指导用书，共 9 章，包含 8 个实验。各章节内容如下。

第 1 章简单介绍了数据库的基本概念，并从优势、发展史、特性等方面认识 MySQL 数据库，演示介绍了 MySQL 服务器及其图形化管理工具 MySQL Workbench 的安装与配置，要求初学者熟练掌握 MySQL 数据库的安装、配置与管理。

第 2 章主要介绍 MySQL 数据库的管理操作，包括数据库的创建、修改、删除、备份与还原。对应数据库管理实验，要求初学者熟悉 MySQL Workbench 工作台组成及基本功能，掌握 MySQL 服务器的连接方法，掌握通过界面方式和命令方式对数据库进行管理。

第 3 章介绍数据表的基本操作，包括 MySQL 数据库中数据表的创建、复制、删除及表结构的修改等操作。对应数据表的基本操作实验，要求初学者理解数据表的概念，掌握通过界面方式和命令方式创建、修改、删除数据表的基本方法，并初步了解数据完整性约束。

第 4 章介绍了 MySQL 数据库的表数据的插入、修改、删除及批量导入导出操作。对应表数据的更新实验，要求初学者掌握相应操作并进一步理解数据完整性约束。

第 5 章介绍单表查询，包括 MySQL 数据库的投影查询、选择查询、聚合函数查询、分组查询、对查询结构进行排序、限制查询结构的条数等操作。对应单表查询实验，检验初学者熟练掌握单表查询的 SELECT 语法结构、函数的运用、条件表达式的表示的程度，通过实例操作让初学者掌握 SELECT 的实际应用。

第 6 章介绍多表查询，包括连接查询、子查询、集合查询等。对应多表查询实验，要求初学者理解多表查询的意义，掌握常见的多表查询操作及查询技巧和方法。

第 7 章介绍视图与索引的创建、删除与查看操作，对应视图与索引实验，考察学生对视图和索引的理解和操作掌握程度。

第 8 章介绍数据控制，包括 MySQL 数据库的数据完整性约束的相关操作、身份验证、用户管理、权限管理等。对应数据操作实验，要求初学者至少掌握数据的实体完整性约束和参照完整性约束，以及基本的数据库安全管理。

第 9 章介绍数据库编程，包括存储过程、函数和触发器的定义及其在数据库中的应用。对应数据库编程实验，检验初学者对存储过程、函数和触发器的基本概念的理解及对相关操作的掌握程度。

除关键知识点和实验指导外，第 2~9 章还提供了测试习题及参考答案，便于读者巩固所学内容。

本教材编者主要从事本科计算机类专业的教学工作，具有丰富的教学经验和数据库实践经验。教材内容紧扣考点和重点，基本涵盖了数据库原理课程的主要知识点，突出了 MySQL 数据库的实际应用和操作开发能力，读者通过上机实验及测试习题可以基本理解数据库原理，并掌握数据库操作开发能力。

本教材由塔里市大学信息工程学院劳东青担任主编，王建夏、施明登、陈立平担任副主编，牛荣、王亚明和吕海芳参与编写。其中，第 1~4 章由劳东青编写；第 5 章理论部分由施明登编写，实验部分及习题部分由牛荣编写；第 6 章理论部分由陈立平编写，实验及习题部分由王亚明编写；第 7 章理论部分及第 8~9 章由王建夏编写，第 7 章实验及习题部分由吕海芳编写。本教材由劳东青统稿。

本教材的编撰获得塔里市大学物联网工程专业教学团队（编号：TDJXTD2208）、物联网工程教学项目（编号：22/22000030126）、计算机科学与技术一流专业项目（编号：22/22000030105）和"十四五"塔里市大学新工科专业建设战略研究项目（编号：22/2201007002）的支持，特此感谢！

由于编者水平有限，本教材中难免有疏漏或错误之处，恳请广大读者批评指正。

编　者

2022 年 11 月

目 录

第 1 章　MySQL 集成开发环境

1.1　初识 MySQL

MySQL 是一款安全、跨平台、高效的，与 PHP，Java 等主流编程语言紧密结合的数据库管理系统，由瑞典 MySQL AB 公司开发，是 Oracle（甲骨文）公司旗下的产品。MySQL 的象征符号是一只名为 Sakila 的海豚，代表 MySQL 数据库的速度、能力、精确和优秀本质。

MySQL 所使用的 SQL 语言是用于访问数据库的最常用标准化语言。MySQL 软件采用了双授权政策，分为社区版和商业版。由于性能高、成本低、可靠性好，MySQL 已经成为最流行的关系型数据库管理系统之一，被广泛地应用在 Internet 上的中小型网站中。随着 MySQL 的不断成熟，它也逐渐被应用于更多大规模网站，比如维基百科、Google 和 Facebook 等网站。

1.1.1　MySQL 数据库的概念

数据库（database，DB），顾名思义，是存放数据的仓库。它的存储空间很大，可以存放百万条、千万条甚至上亿条数据。但是数据库并不是随意地将数据进行存放，而是有一定规则的，否则查询的效率会很低。因此，严格地讲，数据库是长期存储在计算机内的、有组织的、可共享的、统一管理的大量数据的集合。数据库中的数据按照一定的数据模型来组织、描述和存储，具有较小的冗余度、较高的数据独立性和易扩展性，可为各种用户共享。

数据库管理系统（database management system，DBMS）是一种操纵和管理数据库的大型软件，用于建立、使用和维护数据库。它对数据库进行统一的管理和控制，以保证数据库的安全性和完整性。用户通过 DBMS 访问数据库中的数据，数据库管理员也通过 DBMS 进行数据库的维护工作。它可以支持多个应用程序和用户用不同的方法在相同或不同时刻去建立、修改和询问数据库。

市场上比较流行的数据库管理系统有甲骨文的 Oracle 和 MySQL；微软的 Access 和 SQL Server；IBM 的 DB2，Sybase，MongoDB 等。

也可以将数据存储在文件中，但是在文件中读写数据速度相对较慢。因此，常用关系型数据库管理系统(relational database management system, RDBMS)来存储和管理大数据。所谓关系型数据库，是建立在关系模型基础上的数据库，借助集合代数等数学概念和方法来处理数据库中的数据。关系数据库将数据保存在不同的表中，而不是将所有数据放在一个大仓库内，这样就提高了速度并增加了灵活性。

在 Web 应用方面，MySQL 是最好的 RDBMS 应用软件之一。

1.1.2　MySQL 的优势

MySQL 是一个真正的多用户、多线程 SQL 数据库服务器。它是以客户/服务器结构实现，由一个服务器守护程序 mysqld 和很多不同的客户程序与库组成。它能够快捷、有效和安全地处理大量的数据。MySQL 的主要目标是快捷、便捷和易用。相对于 Oracle 等数据库来说，其使用非常简单。

MySQL 数据库可以称得上是目前运行速度最快的 SQL 语言数据库之一。与其他的大型数据库(如 Oracle，DB2，SQL Server 等)相比，MySQL 有不足之处，如规模小、功能有限等，但是这丝毫没有减少它受欢迎的程度。对于一般的个人使用者和中小型企业来说，MySQL 提供的功能已经绰绰有余，而且 MySQL 还是开放源码软件，用户可以直接从其官方网站下载，而不必支付任何费用，因此可以大大降低总体拥有成本。

1.1.3　MySQL 的发展史

MySQL 的历史可以追溯到 1979 年。一个名叫 Monty Widenius 的人为一个叫 TcX 的小公司打工，并用 BASIC 设计了一个报表工具，该工具可以在 4 MHz 主频和 16 KB 内存的计算机上运行。不久之后，该工具被用 C 语言重写，并移植到 Unix 平台。这个工具叫 Unireg，在当时，它只是一个很底层的面向报表的存储引擎。

1985 年，瑞典的几位志同道合的小伙子(以 David Axmark 为首)成立了一家公司，这就是 MySQL AB 的前身。这家公司最初并不想开发数据库产品，而是在实现他们想法的过程中，需要一个数据库。他们希望能够使用开源的产品。但在当时并没有一个合适的选择，因此只能自己开发。

最初，他们只是设计了一个利用索引顺序存取数据的方法，也就是 ISAM(indexed sequential access method)存储引擎核心算法的前身，利用 ISAM 结合 mSQL 来实现他们的应用需求。早期，他们主要是为瑞典的一些大型零售商提供数据仓库服务。在系统使用过程中，随着数据量越来越大、系统复杂度越来越高，ISAM 和 mSQL 的组合逐渐不堪重负。在分析性能瓶颈之后，他们发现问题出在 mSQL 上面。不得已，他们抛弃了 mSQL，重新开发了一套功能类似的数据存储引擎，这就是 ISAM 存储引擎。

1990 年，TcX 的顾客中开始有人要求为它的 API 提供 SQL 支持。当时有人提议直接使用商用数据库，但是 Monty 觉得商用数据库的速度难以令人满意。于是，他直接借助于 mSQL 的代码，将它集成到自己的存储引擎中。但不巧的是，效果并不理想。于是，Monty 决心自己重写一个 SQL 支持。

1996 年，MySQL 1.0 发布，在小范围内使用。到了 1996 年 10 月，MySQL 3.11.1 发布，没有 2.X 版本。最开始，只提供了 Solaris 下的二进制版本。一个月后，Linux 版本出现了。此时的 MySQL 还非常简陋，除了在一个表上做一些 Insert，Update，Delete 和 Select 操作之外，没有其他功能。

接下来的两年里，MySQL 被依次移植到各个平台上。它发布时，采用的许可策略有些与众不同：允许免费商用，但是不能将 MySQL 与自己的产品绑定在一起发布。如果想一起发布，就必须使用特殊许可，意味着要付费。当然，商业支持也是需要付费的。其他的，随用户怎么用都可以。这种特殊许可为 MySQL 带来了一些收入，从而为它的持续发展打下了良好的基础。

1999—2000 年，MySQL AB 公司在瑞典成立，与 Sleepycat 合作，开发出 Berkeley DB 引擎，因为 BDB 支持事务处理，所以，MySQL 从此开始支持事务处理。

2000 年，MySQL 公布了自己的源代码，并采用 GPL（GNU general public license，通用性公开许可证）许可协议，正式进入开源世界。

2000 年 4 月，MySQL 对旧的存储引擎进行了整理，命名为 MyISAM。

2001 年，Heikiki Tuuri 向 MySQL 提出建议，希望能集成他们的存储引擎 InnoDB，这个引擎同样支持事务处理，还支持行级锁。因此，2001 年发布的 MySQL 3.23 版本已经支持大多数的基本的 SQL 操作，而且集成了 MyISAM 和 InnoDB 存储引擎。MySQL 与 InnoDB 的正式结合版本是 4.0 版本。

2004 年 10 月，发布了经典的 4.1 版本。2005 年 10 月，又发布了具有里程碑意义的一个版本——MySQL 5.0。MySQL 5.0 中加入了游标、存储过程、触发器、视图和事务的支持。在 5.0 之后的版本里，MySQL 明确地表现出迈向高性能数据库的发展步伐。

2008 年 1 月 16 日，Sun 公司正式收购 MySQL。

2009 年 4 月 20 日，甲骨文公司宣布以每股 9.50 美元，74 亿美元的总额收购 Sun 公司。

2010 年 12 月，MySQL 5.5 发布，其主要新特性包括半同步的复制及对 SIGNAL/RESIGNAL 的异常处理功能的支持，最重要的是 InnoDB 存储引擎终于变为当时 MySQL 的默认存储引擎。MySQL 5.5 不是时隔两年后的一次简单的版本更新，而是加强了 MySQL 各个方面在企业级的特性。甲骨文公司同时也承诺 MySQL 5.5 和未来版本仍采用 GPL 授权的开源产品。

2013 年 2 月，MySQL 5.6 发布。甲骨文公司宣布将于 2021 年 2 月停止 5.6 版本的更新，结束其生命周期。

2015 年 12 月，MySQL 5.7 发布，其性能、新特性、性能分析有了质的改变。

2016 年 9 月，MySQL 开始了 8.0 版本，甲骨文公司宣称该版本速度是 5.7 版本的 2 倍，性能更好。

目前，MySQL 已经更新到 8.0.32 版本，但市场主流使用的都还是 5.5，5.6，5.7 版本。

1.1.4　MySQL 的特性

① 使用 C 和 C++编写，并使用了多种编译器进行测试，保证源代码的可移植性。

② 支持 AIX，BSDi，FreeBSD，HP-UX，Linux，Mac OS，Novell NetWare，NetBSD，OpenBSD，OS/2 Wrap，Solaris，Windows 等多种操作系统。

③ 为多种编程语言提供了 API。这些编程语言包括 C，C++，C#，VB.NET，Delphi，Eiffel，Java，Perl，PHP，Python，Ruby 和 Tcl 等。

④ 支持多线程，充分利用 CPU 资源，支持多用户。

⑤ 优化的 SQL 查询算法，能有效地提高查询速度。

⑥ 既能够作为一个单独的应用程序在客户端服务器网络环境中运行，也能够作为一个程序库嵌入其他软件中。

⑦ 提供多语言支持，常见的编码如中文的 GB 2312、BIG5，日文的 Shift JIS 等都可以用作数据表名和数据列名。

⑧ 提供 TCP/IP，ODBC 和 JDBC 等多种数据库连接途径。

⑨ 提供用于管理、检查、优化数据库操作的管理工具。

⑩ 可以处理拥有上千万条记录的大型数据库。

目前最新的版本是 MySQL 8.0.32。与主流的 5.X 版本相比，8.X 版本的改变和优势体现在以下几方面。

① 性能：MySQL 8.X 的速度是 MySQL 5.7 的 2 倍。MySQL 8.X 在读/写工作负载、IO 密集型工作负载，以及高竞争（"hot spot"热点竞争问题）工作负载等方面具有更好的性能。

② NoSQL：MySQL 从 5.7 版本开始提供 NoSQL 存储功能，目前在 8.X 版本中这部分功能得到了更大的改进。该项功能消除了对独立的 NoSQL 文档数据库的需求，而 MySQL 文档存储也为 schemaless 模式的 JSON 文档提供了多文档事务支持和完整的 ACID 合规性。

③ 窗口函数（window functions）：MySQL 8.X 新增了窗口函数的概念，它可以用来实现若干新的查询方式。窗口函数与 SUM（　　）、COUNT（　　）这种集合函数类似，但它不会将多行查询结果合并为一行，而是将结果放回多行当中，即窗口函数不需要 GROUP BY。

④ 隐藏索引：在 MySQL 8.X 中，索引可以被隐藏和显示。当对索引进行隐藏时，它不会被查询优化器所使用。这个特性可用于性能调试，例如，先隐藏一个索引，再观

察其对数据库的影响。如果数据库性能有所下降，说明这个索引是有用的，然后将其恢复显示即可；如果数据库性能没有变化，说明这个索引是多余的，可以考虑删掉。

⑤ 降序索引：MySQL 8.X 为索引提供按降序方式进行排序的支持，在这种索引中的值也会按降序的方式进行排序。

⑥ 通用表表达式（common table expressions，CTE）：在复杂的查询中使用嵌入式表时，使用 CTE 使查询语句更清晰。

⑦ UTF-8 编码：从 MySQL 8.X 开始，使用 utf8mb4 作为 MySQL 的默认字符集。

⑧ JSON 增强：MySQL 8.X 大幅改进了对 JSON 的支持，添加了基于路径查询参数从 JSON 字段中抽取数据的 JSON_EXTRACT() 函数，以及用于将数据分别组合到 JSON 数组和对象中的 JSON_ARRAYAGG() 和 JSON_OBJECTAGG() 聚合函数。

⑨ 可靠性：InnoDB 存储引擎支持原子性的数据定义语言（DDL），一个原子 DDL 语句将相关的数据字典更新、存储引擎操作以及写入二进制日志组合成单一的原子事务，事务中的诸操作要么都做，要么都不做，保证了事务完整性。此外，InnoDB 存储引擎还支持 crash-safe 特性，元数据存储在单个事务数据字典中。

⑩ 安全性：添加了新的默认身份验证、SQL 角色、密码强度、分解超级特权等功能，改进了 OpenSSL。

1.2　MySQL 的安装与配置

MySQL 支持多个平台，不同平台下的安装和配置的过程也不相同。在 Windows 操作系统下，MySQL 数据库的安装包分为图形化界面安装和免安装两种（以.msi 作为后缀名的二进制分发版和以.zip 作为后缀的压缩文件）。这两种安装包的安装方式不同，配置方式也不同。图形化界面安装包有完整的安装向导，安装和配置很方便，按照向导提示进行操作即可完成安装。免安装的安装包解压后进行一定的配置即可使用。

本节以 MySQL 8.0.25 为例，介绍如何使用.zip 压缩文件在 Windows 平台上安装和配置 MySQL。

1.2.1　获取 MySQL

打开 MySQL 的官方网站 https：//www.mysql.com/downloads/获取 MySQL 安装包。软件下载页面如图 1-1 所示。

在下载页面，MySQL 根据软件的功能主要提供了企业版（enterprise）、高级集群版（cluster CGE）和社区版（community）三个版本的产品。企业版和集群版都是经过测试之后的稳定版本，最大的区别是软件功能不一样：前者提供官网技术支持，需付费，可以试用 30 天；后者可将几个 MySQL Server 封装成一个 Server，需付费。社区版是企业版的

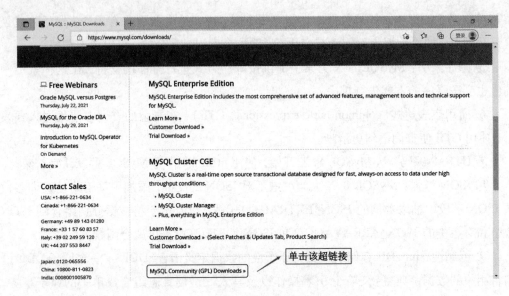

图 1-1   获取 MySQL

测试版，开源免费，包含了 MySQL 所有的最新功能，不提供官网技术支持，用户在使用社区版时出现任何问题，MySQL 官方概不负责。本教材选择 MySQL 社区版进行讲解。

在图 1-1 所示下载页面中单击"MySQL Community（GPL）Downloads"进入社区版的下载页面，如图 1-2 所示。根据需要选择一种安装包下载。此处选择并单击"MySQL Community Server"，进入图 1-3 所示下载页面下载 ZIP 安装包。

在图 1-3 下载页面，单击 Windows（x86，64-bit），ZIP Archive 对应的"Download"按钮进入图 1-4 所示的 MySQL Community Downloads 下载页面。单击 No thanks, just start my download. 超链接直接下载 ZIP 安装包。

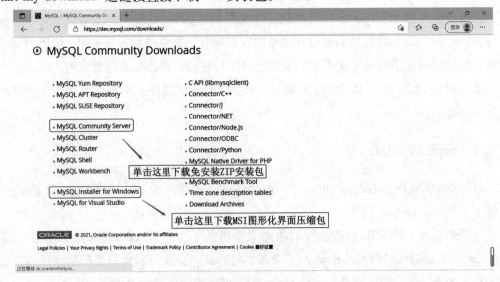

图 1-2   MySQL Community（GPL）下载页面

图 1-3　MySQL Community Server 8. 0. 25 下载页面

图 1-4　ZIP 安装包下载页面

1.2.2 安装 MySQL 服务器

① 将下载得到的名为 mysql-8.0.25-winx64.zip 的免安装压缩文件解压到 D：\mysql-8.0.25-winx64（路径可自行设定），将该目录作为 MySQL 的安装目录，原始文件如图 1-5 所示。

名称	修改日期	类型	大小
bin	2021/4/24 0:15	文件夹	
docs	2021/4/24 0:10	文件夹	
include	2021/4/24 0:10	文件夹	
lib	2021/4/24 0:15	文件夹	
share	2021/4/24 0:10	文件夹	
LICENSE	2021/4/23 23:06	文件	269 KB
README	2021/4/23 23:06	文件	1 KB

图 1-5 MySQL 安装目录原始文件

② 配置 MySQL 环境变量。如果不配置环境变量，每次登录 MySQL 服务器时，就必须进入 MySQL 的 bin 目录下，也就是必须输入 cd D：\mysql-8.0.25-winx64\bin 命令后，才能使用 MySQL 命令工具，很不方便。若是不慎忘记 MySQL 安装路径，甚至可能影响使用数据库。而配置环境变量后，就可以在任意位置执行 MySQL 命令。具体操作步骤如下。

• 打开控制面板，单击选择"系统"，在打开的系统窗口左侧单击选择"高级系统设置"，打开系统属性对话框，在"高级"选项卡单击"环境变量"打开环境变量对话框，如图 1-6 所示。

• 在环境变量对话框中，单击系统变量列表下的"新建"按钮，新建 MYSQL_HOME 变量，将其值设置为 D：\mysql-8.025-winx64（MySQL 的安装目录），如图 1-7 所示。

• 在系统变量列表中，找到 Path 变量，单击"编辑"，打开编辑环境变量对话框，单击"新建"，将%MYSQL_HOME%\bin 添加到 Path 变量，如图 1-8 所示。

配置 Path 变量，也可不新建 MYSQL_HOME 变量，而是直接将 MySQL 安装目录下的 bin 配置到 Path 变量下，即直接添加：D：\mysql-8.025-winx64\bin。

③ 在开始菜单中搜索"命令提示符"，找到"命令提示符"并单击右键，在弹出的快捷菜单中选择"以管理员身份运行"方式，启动命令行窗口。

④ 在命令行模式下，输入 mysqld-install 命令安装 MySQL。提示 Service successfully installed，说明注册服务成功。效果如图 1-9 所示。

图 1-6　打开环境变量对话框

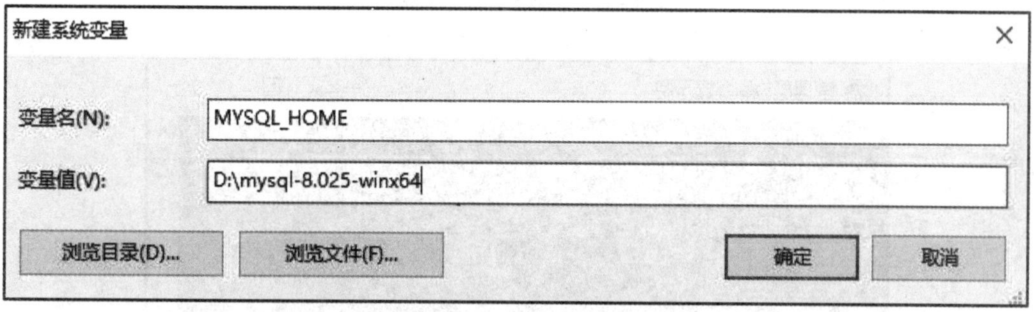

图 1-7　新建 MYSQL_HOME 变量

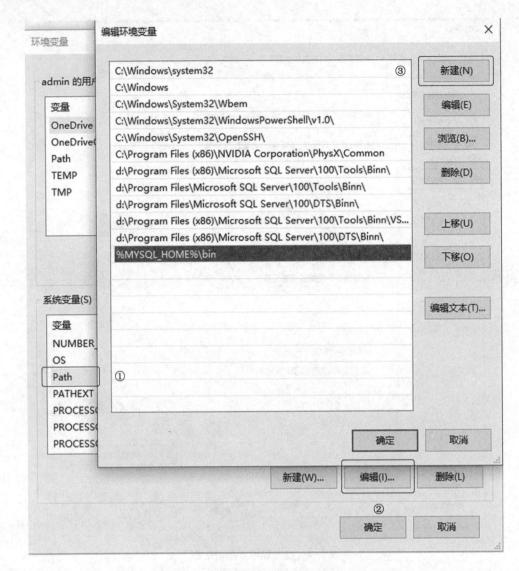

图 1-8 编辑 Path 变量

图 1-9 通过命令行安装 MySQL

在安装 MySQL 时，需要注意以下问题。

① MySQL 安装的服务名默认为 MySQL，若该名称已经存在，则会安装失败，提示：The service already exists！此时，可通过命令 mysqld-remove 将已安装的服务卸载，卸载后，再次安装。

② MySQL 允许在安装或卸载时指定服务名称，从而实现多个 MySQL 服务共存，命令格式如下。

> mysqld-install "服务名称"
> mysqld-remove "服务名称"

例如，当需要同时安装 MySQL 5.7 和 8.0 时，分别指定不同的服务名称即可实现。

③ MySQL 服务默认监听 3306 端口，如果该端口被其他服务占用，会导致客户端无法连接服务器。在命令行中输入 netstat-ano 命令可查看端口占用情况，如图 1-10 所示。

图 1-10　查看端口占用情况

若想知道占用某端口的进程是哪一个程序，可执行命令 tasklist|findstr "PID 号"。例如，在本机中，3306 端口对应的 PID 为 21488，在命令行输入 tasklist|findstr "21488"，结果见图 1-11。

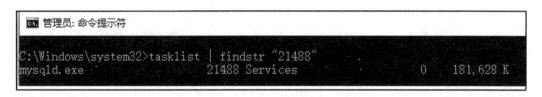

图 1-11　查看进程 PID 对应的程序名称

从图 1-11 可以看出，当前是 mysqld.exe 占用了 3306 端口，说明 MySQL 服务正在工作。如果是其他程序占用了 3306 端口，只需将对应的服务停止即可。

1.2.3　配置 MySQL

① 创建 MySQL 配置文件。新建一个文本文档，输入以下内容（MySQL 的基本配置），将文件另存为 my.ini（注意去掉 txt 后缀），保存到 MySQL 安装目录下。

```
[mysql]
#设置 mysql 客户端默认字符集
default-character-set=utf8
[mysqld]
#设置 3306 端口
port=3306
#设置 mysql 的安装目录
basedir=D：\mysql-8.025-winx64
#设置 mysql 数据库的数据存放目录
datadir=D：\mysql-8.025-winx64\data
#允许最大连接数
max_connections=20
#服务端使用的字符集默认为 8 比特编码的 latin1 字符集
character-set-server=utf8
#创建新表时将使用的默认存储引擎
default-storage-engine=INNODB
```

② 初始化数据库。在命令行窗口输入 mysqld-initialize 初始化数据库。首次执行初始化命令等待的时间略长，并且控制台没有任何返回结果。初始化完毕后，会在 MySQL 的安装目录下生成一个 data 文件夹。

③ 初始化 root 用户的密码。可使用命令生成随机密码。密码保存在 data 文件夹的错误日志文件(.err 文件)中。可用文本文档打开该文件，随机密码见图 1-12。

```
mysqld-initialize-console
```

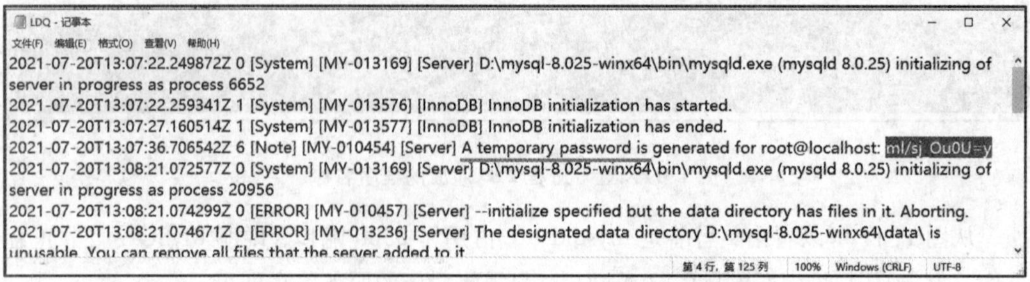

图 1-12　查看随机生成的 root 用户的登录密码

由于自动生成的随机密码输入比较麻烦，也可以在初始化时忽略安全性，将 root 用户的密码设置为空，具体命令为 mysqld-initialize-insecure。

1.2.4　管理 MySQL 服务

MySQL 安装完成后，需要启动服务进程，否则客户端无法连接数据库。MySQL 服务的启动与停止可以通过两种方式来实现。

1.2.4.1　通过命令行管理 MySQL 服务

以管理员身份打开命令行提示符，输入如下命令，启动名为 MySQL 的服务。

```
net start mysql
```

执行 net stop 命令停止 MySQL 服务，具体如下所示。

```
net stop mysql
```

上述命令执行结果分别如图 1-13 和 1-14 所示。

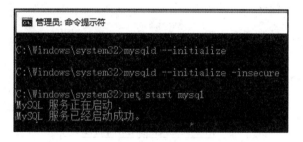

图 1-13　启动 MySQL 服务

图 1-14　停止 MySQL 服务

1.2.4.2　通过 Windows 服务管理器管理 MySQL 服务

在开始菜单搜索 "服务"，或在运行程序中输入 services.msc 命令，打开 Windows 服务管理器，如图 1-15 所示。

从图 1-15 可以看到，MySQL 服务没有启动，此时可以右键单击 MySQL 服务，在弹出的右键菜单中单击 "启动" 命令直接启动 MySQL 服务，也可直接双击 MySQL 服务，打开 MySQL 属性对话框，通过单击 "启动" 按钮修改 MySQL 服务状态。如图 1-16 所示。

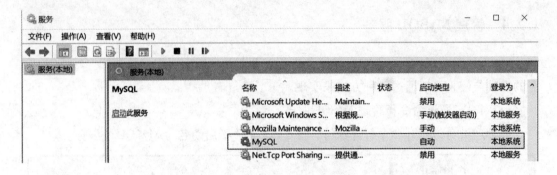

图 1-15 Windows 服务管理器

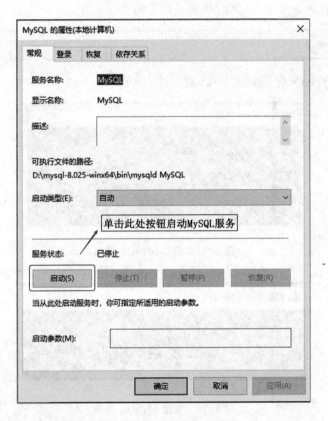

图 1-16 MySQL 属性对话框

1.2.5 连接和断开 MySQL 服务器

1.2.5.1 连接 MySQL 服务器

连接 MySQL 服务器通过 mysql 命令实现。mysql 命令是 MySQL 提供的命令行客户端工具，用于访问数据库、执行 SQL 语句。MySQL 服务器启动后，在命令行提示符中执行以下命令，登录 MySQL 服务器。

> mysql-u root-h localhost-p

上述命令中，-u root 表明以 root 用户的身份登录；-h 用于指定登录的 MySQL 服务器地址（域名或 IP），如-h localhost 或-h 127.0.0.1 表示登录本地服务器，通常可以省略不写；-p 表示使用密码登录。成功登录 MySQL 服务器后，运行效果如图 1-17 所示。

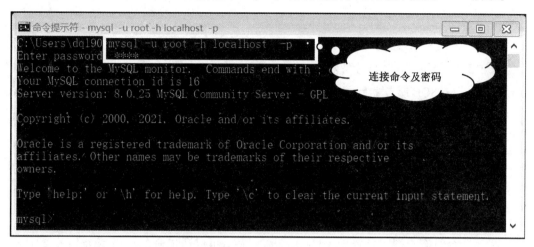

图 1-17　连接 MySQL 服务器

使用上述命令登录 MySQL 服务器时，密码也可以用明文的方式直接在-p 后给出，此时-p 和密码之间不允许有空格，例如：

> mysql-u root-proot

📖多学一招：设置用户密码

为了保护数据库的安全，需要为登录 MySQL 服务器的用户设置密码。初始化数据库时随机生成的密码不便于记忆和输入，可以通过以下两种方法重置用户密码。

方法一：在命令提示符窗口通过 mysqladmin 命令修改密码。

> mysqladmin-u root-p 旧密码 password 新密码

例如，将 root 用户的密码重置为 123456，可以执行以下语句。

> mysqladmin-u root-proot password 123456

方法二：在 mysql 环境下通过 alter 命令修改密码。

> mysql>alter user'用户名'@'服务器'identified by'新密码'；

例如，将 root 用户的密码重置为 123456，可执行以下语句。

> mysql>alter user'root' @ 'localhost' identified by' 123456';

命令执行后，提示"Query OK, 0 rows affected"表示密码修改成功。重新登录 MySQL 服务器时，需要输入新密码。

设置密码后，若要取消密码，可使用如下命令将密码置为空，即可免密码登录。

> mysql>alter user'root' @ 'localhost' identified by'';

1.2.5.2　断开 MySQL 服务器

连接到 MySQL 服务器后，如果需要退出，可以通过在 mysql>提示符下输入 exit 或 quit 命令断开连接，格式如下。

> mysql>quit；

1.2.6　MySQL 客户端的相关命令

使用命令行客户端工具登录 MySQL 服务器后，可以通过命令?,\h 或 help 来查看帮助信息，如图 1-18 所示。help 命令还可以用来查看其他命令的含义及用法。例如，想要了解 use 命令的用法，可以通过如下命令查看。

> mysql>help use；

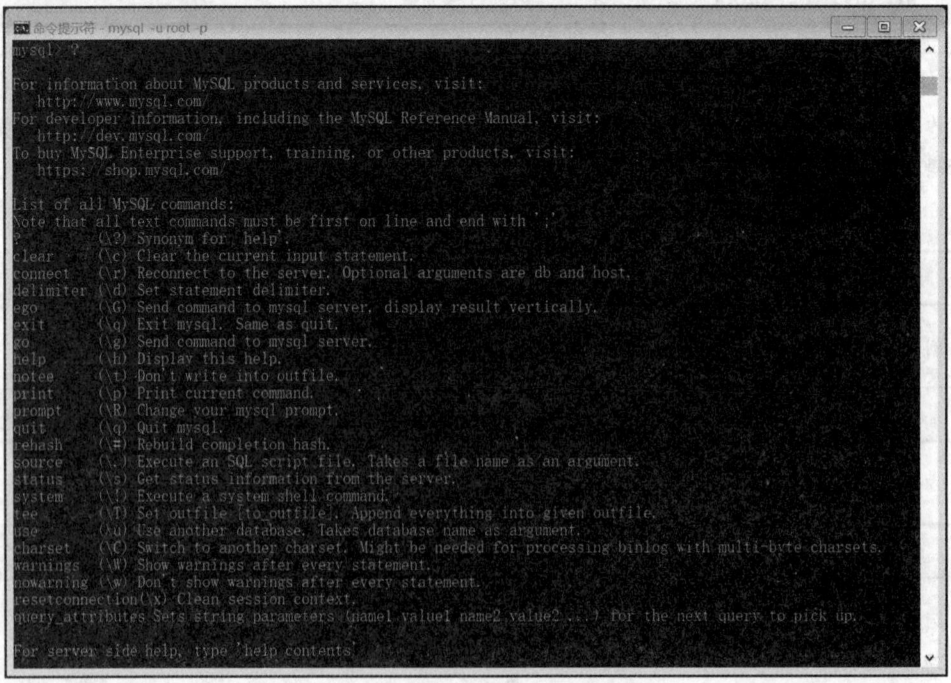

图 1-18　查看 MySQL 相关命令

表 1-1 列出了常见的 MySQL 命令。

表 1-1　MySQL 相关命令

命令	简写	具体含义
?	\?	显示帮助信息
clear	\c	清除当前输入语句
connect	\r	连接到服务器,可选参数为数据库和主机
delimiter	\d	设置语句分隔符
ego	\G	发送命令到 MySQL 服务器,并显示结果
exit	\q	退出 MySQL
go	\g	发送命令到 MySQL 服务器
help	\h	显示帮助信息
notee	\t	不能将数据导出到文件中
print	\p	打印当前命令
prompt	\R	改变 MySQL 提示信息
quit	\q	退出 MySQL
rehash	\#	重建完成散列,用于表名自动补全
source	\.	执行一个 SQL 脚本文件,以一个文件名作为参数
status	\s	从服务器获取 MySQL 的状态信息
tee	\T	设置输出文件,将所有信息添加到给定的输出文件中
use	\u	选择一个数据库,参数为数据库名称
charset	\C	切换到另一个字符集
warnings	\W	每一个语句之后显示警告
nowarnings	\w	每一个语句之后不显示警告
resetconnection	\x	清理会话上下文信息

1.3　使用 MySQL 图形化管理工具

　　MySQL 服务器正确安装以后,可以通过命令行管理工具或者图形化的管理工具来操作 MySQL 数据库。命令行管理工具的优点在于不需要额外安装,但命令行操作方式不够直观,而且容易出错。MySQL 图形化管理工具极大地方便了数据库的操作与管理,常用的图形化管理工具有 MySQL Workbench，PhpMyAdmin，Navicat，MySQLDumper，SQLyog，MySQL ODBC Connector 等。

1.3.1 常用的图形化管理工具简介

① Navicat(http：//www.navicat.com/)。Navicat 是一套桌面版的 MySQL 数据库服务器管理和开发工具，界面简洁、功能强大，可以与任何版本的 MySQL 一起工作，支持触发器、存储过程、函数、事件、视图、管理用户等。与微软的 SQL Server 管理器很像，易学易用，支持中文，目前开发者使用得最多。提供免费试用版本。

② SQLyog(http：//sqlyog.en.softonic.com/或者 https：//www.webyog.com/product/sqlyog)。SQLyog 是业界著名的 Webyog 公司出品的一款简洁高效、功能强大的图形化 MySQL 数据库管理工具。SQLyog 操作简单，支持多种数据格式导出，可以快速帮助用户备份和恢复数据，还能够快速地运行 SQL 脚本文件，为用户的使用提供便捷。使用 SQLyog 可以快速直观地让用户从世界的任何角落通过网络来维护远端的 MySQL 数据库。提供免费试用版本。

③ PhpMyAdmin (https：//www. phpmyadmin. net/)。PhpMyAdmin 是最常用的 MySQL 维护工具，使用 PHP 编写，通过 Web 方式控制和操作 MySQL 数据库，是 Windows 中 PHP 开发软件的标配。通过 PhpMyAdmin 可以完全对数据库进行操作，例如建立、复制、删除数据等。界面友好、简洁，管理数据库非常方便，支持中文，不足之处在于对大数据库的备份和恢复不方便，对于数据量大的操作容易导致页面请求超时。

④ MySQL Workbench (https：//dev. mysql. com/downloads/workbench/)。MySQL Workbench 是官方提供的图形化管理工具，支持数据库的创建、设计、迁移、备份、导出、导入等功能，可在 Windows、Linux 和 mac 等主流操作系统上使用。Workbench 分为社区版和商业版，其中社区版开源免费，商业版则按年收费。

⑤ MySQLDumper。MySQLDumper 使用基于 PHP 开发的 MySQL 数据库备份恢复程序，解决了使用 PHP 进行大数据库备份和恢复的问题。数百兆的数据库都可以方便地备份恢复，避免了因网速太慢而导致中断的问题，非常方便易用。暂无官方下载链接，没有中文语言包。

⑥ MySQL ODBC Connector(http：//dev. mysql. com/downloads/connector/odbc/)。MySQL 官方提供的 ODBC 接口程序，系统安装了这个程序之后，就可以通过 ODBC 来访问 MySQL，从而实现 SQL Server，Access 和 MySQL 之间的数据转换，还可以支持 ASP 访问 MySQL 数据库。

1.3.2 MySQL Workbench 图形化管理工具

MySQL Workbench 是一个统一的可视化开发和管理平台，为数据库管理员、程序开发者和系统规划师提供了先进的数据建模、灵活的 SQL 编辑器和全面的管理工具。

数据建模——MySQL Workbench 包含了所有数据建模工程需要的功能，能正向和逆向建立复杂的 ER 模型，也提供了通常需要花费大量时间才能完成的变更管理和文档任务的关键功能。

SQL 编辑器——MySQL Workbench 提供了用于创建、执行和优化 SQL 查询的可视化工具。SQL 编辑器提供了语法高亮显示、SQL 代码复用和执行的 SQL 历史。数据库的连接面板允许开发人员轻松地管理数据库连接。对象浏览器允许即时访问数据库模型和对象。

管理工具——MySQL Workbench 提供了可视化的控制台，能轻松管理 MySQL 数据库环境，并为数据库增加了更好的可视性。开发人员和 DBA 可以使用可视化工具配置服务器、管理用户和监控数据库的运行状况。

1.3.2.1　获取 MySQL Workbench

打开 MySQL Workbench 的官网下载页 https：//dev.mysql.com/downloads/workbench/，如图 1-19 所示。单击 Download 进入 MySQL Workbench 8.0.26 的详细下载页面，单击"No thanks，just start my download."免注册登录直接下载 Workbench 安装包（可单击 Archives 选项卡下载 Workbench 的早前版本，本教材以 8.0.25 的 winx64 版为例）。

图 1-19　MySQL Workbench 的官网下载页

1.3.2.2　安装 MySQL Workbench

① 双击下载得到的名为 mysql-workbench-community-8.0.25-winx64.msi 的安装文件，打开 Workbench 安装向导。如图 1-20 所示。

② 单击 next 进入安装目录设置页，如图 1-21 所示。单击"Change"按钮修改 Workbench 的安装目录。本教材中，Workbench 的安装目录设置为 D：\Program Files \ MySQL\MySQL Workbench 8.0 CE\。

③ 安装目录设置好之后，单击"Next"按钮，进入安装类型选择页，选择 Complete 安装，如图 1-22 所示。单击"Next"按钮，进入安装确认页，如图 1-23 所示，单击"Install"按钮，开始安装 Workbench。

④ 单击"Finish"按钮，完成 Workbench 安装。

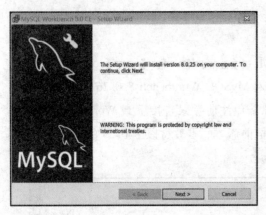

图 1-20　MySQL Workbench 安装向导

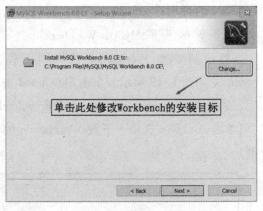

图 1-21　修改 Workbench 的安装目录

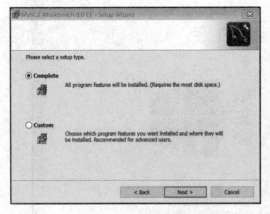

图 1-22　安装类型选择

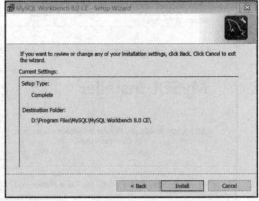

图 1-23　安装确认

📖**多学一招：解决 MySQL Workbench 安装时可能出现的错误**

在双击安装文件开始安装 MySQL Workbench 时，可能会出现如图 1-24 所示的警告对话框，提示安装 MySQL Workbench 前必须先安装 Visual C++2019 Redistributable Package。

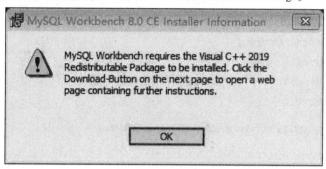

图 1-24　安装 MySQL Workbench 时可能出现的警告对话框

解决办法：单击警告对话框的"OK"按钮进入如图 1-25 所示的安装对话框，单击"Download Prerequisites"按钮打开 MySQL Workbench 的下载页面，如图 1-26 所示。单击链接 Visual C++Redistributable for Visual Studio 2019 进入 Visual C++2019 Redistributable Package 的下载页面，滚动该页面到"所有下载"区域，如图 1-27 所示。选择操作系统对应的安装包版本，单击下载。

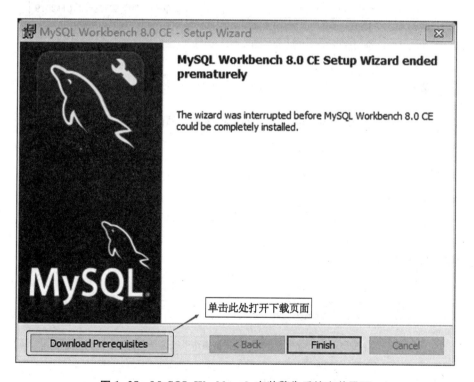

图 1-25　MySQL Workbench 安装警告后的安装界面

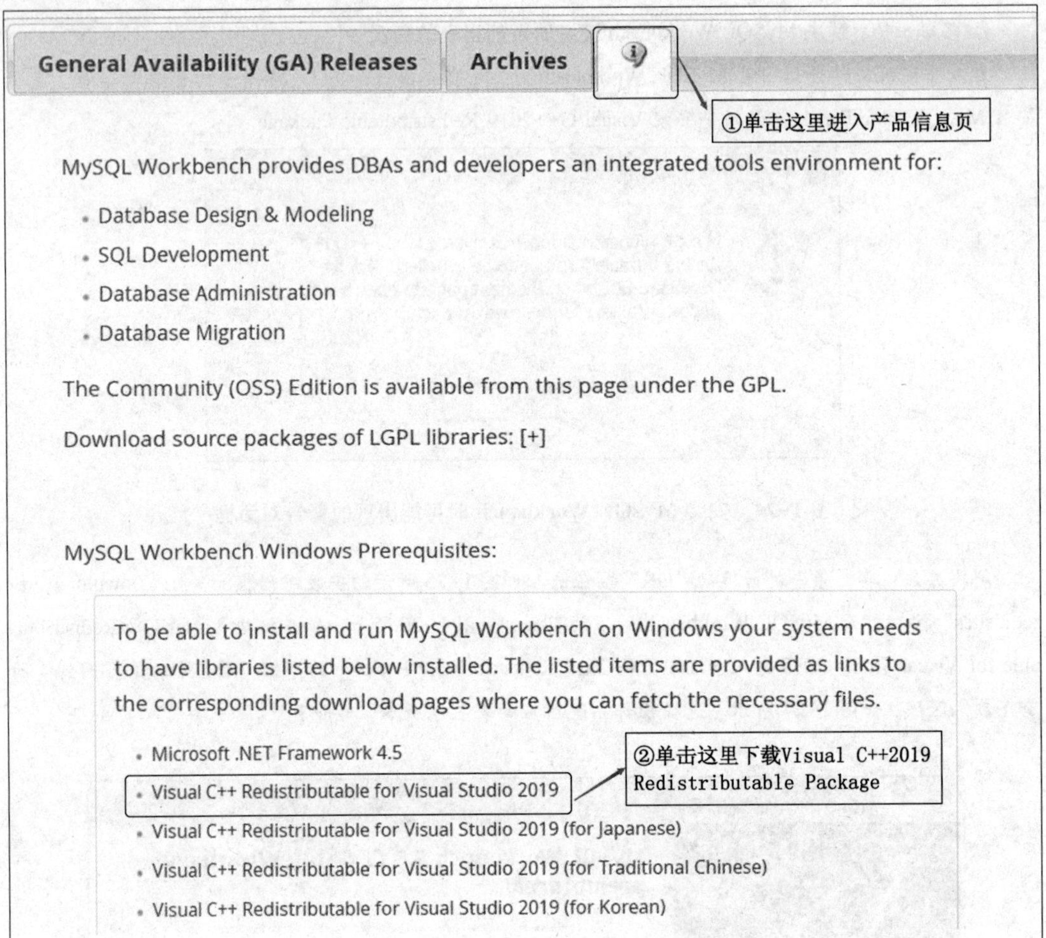

General Availability (GA) Releases　　**Archives**　　①单击这里进入产品信息页

MySQL Workbench provides DBAs and developers an integrated tools environment for:

- Database Design & Modeling
- SQL Development
- Database Administration
- Database Migration

The Community (OSS) Edition is available from this page under the GPL.

Download source packages of LGPL libraries: [+]

MySQL Workbench Windows Prerequisites:

To be able to install and run MySQL Workbench on Windows your system needs to have libraries listed below installed. The listed items are provided as links to the corresponding download pages where you can fetch the necessary files.

- Microsoft .NET Framework 4.5
- Visual C++ Redistributable for Visual Studio 2019　　②单击这里下载Visual C++2019 Redistributable Package
- Visual C++ Redistributable for Visual Studio 2019 (for Japanese)
- Visual C++ Redistributable for Visual Studio 2019 (for Traditional Chinese)
- Visual C++ Redistributable for Visual Studio 2019 (for Korean)

图 1-26　MySQL Workbench 的产品信息页面

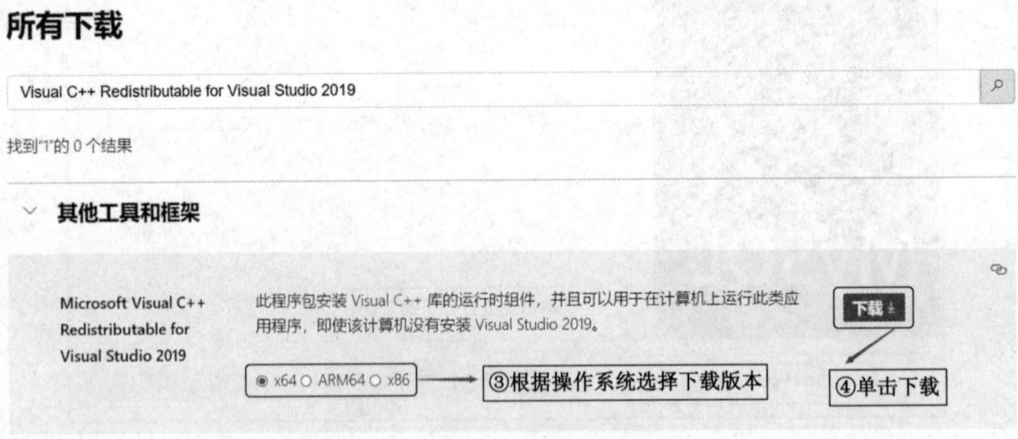

所有下载

Visual C++ Redistributable for Visual Studio 2019

找到"1"的 0 个结果

∨ **其他工具和框架**

Microsoft Visual C++ Redistributable for Visual Studio 2019

此程序包安装 Visual C++ 库的运行时组件，并且可以用于在计算机上运行此类应用程序，即使该计算机没有安装 Visual Studio 2019。

◉ x64 ○ ARM64 ○ x86　→　③根据操作系统选择下载版本

下载 ↓　　④单击下载

图 1-27　Visual C++2019 Redistributable Package 下载

本例中，选择 x64 版本，下载得到名为 VC_redist.x64 的安装包。双击该安装包，直接安装即可。

1.3.2.3　MySQL Workbench 的使用

Workbench 安装好后，单击开始菜单，找到 MySQL 文件夹，展开，单击 MySQL Workbench 8.0 cs 命令，打开如图 1-28 所示的 MySQL Workbench 主界面。

图 1-28　MySQL Workbench 主界面

在 MySQL Workbench 主界面，单击⊕按钮将打开一个 Setup New Connection 窗口，可新建一个 MySQL 服务器连接，详细设置如图 1-29 所示；单击⊛按钮将打开一个 Manage Server Connection 窗口，集中管理所有的 MySQL 服务器连接，可执行新建连接、修改连接、删除连接、复制连接及调整连接次序等操作；单击 Local instance MySQL 超链接，则打开一个连接本地 MySQL 服务器的登录对话框，如图 1-30 所示。在 Password 处输入 root 用户的密码，单击"OK"按钮，登录成功则进入 MySQL 服务器的工作台界面，如图1-31 所示。

MySQL 服务器的工作台由以下几部分组成。

① 菜单栏：包括文件、编辑、视图、查询、数据库、服务器、工具、脚本、帮助等菜单。

② 工具栏：从左到右，前 8 个工具依次表示新建查询、打开 SQL 脚本、为特定对象打开检查程序、创建数据库(模式)、创建表格、创建视图、创建存储过程、创建函数。

③ 导航栏(Navigator)：包括 Administration 和 Schemas 两个选项卡，前者包含管理(查看服务器状态、客户端连接、用户和权限设置、数据导出、输入导入及恢复等)、实例(启动/关闭实例、服务器日志、选项文件)、性能(仪表盘、性能报告、性能模式设置)等相关操作，后者显示已经创建的数据库列表，可以查看数据库的基本情况。

④ 信息栏(Information)：包含 object Info(对象信息)和 Session(会话)两个选项卡，

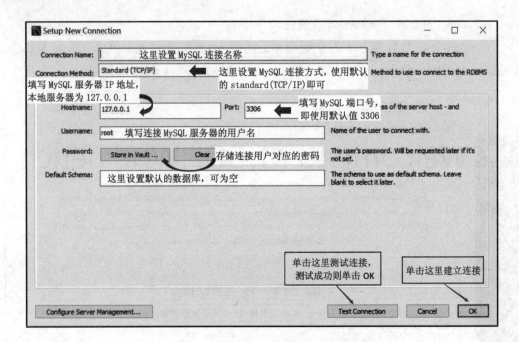

图 1-29 创建一个 SQL 连接

图 1-30 连接 MySQL 服务器的登录对话框

前者显示已选择的数据库对象的基本信息，后者显示 MySQL 服务器的连接信息。

⑤ SQL 编辑器：MySQL 的主要工作区，可以在此输入 SQL 语句并执行，也可以显示数据库对象的详细信息、执行数据库的主要操作，包括数据导入导出、创建数据库、创建数据表等。

⑥ 数据表区域：显示、修改数据表信息，包括结果集（Result Grid）、表单编辑器（Form Editor）、域类型（Field Types）、结果统计（Query Stats）和执行计划（Execution Plan）

⑦ 输出栏（Output）：主要显示 MySQL 语句的执行情况，分为文本输出（Text Output）、行为输出（Action Output）和历史输出（History Output）。

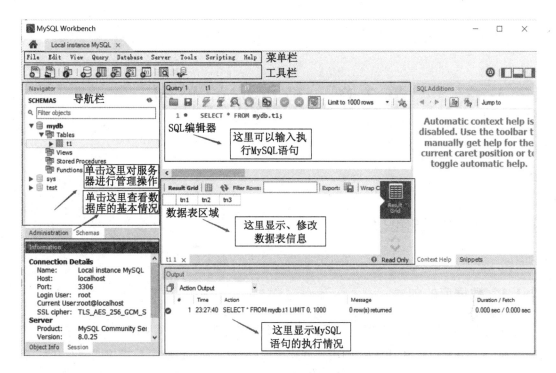

图 1-31　MySQL 服务器的工作台

第 2 章　数据库的管理

2.1　关键知识点

2.1.1　数据库的创建

在大多数的关系型数据库管理系统中，创建数据库一般使用 CREATE DATABASE 来完成，而 CREATE SCHEMA 则用来创建架构（或模式）。数据库是指长期储存在计算机内、有组织的、可共享的大量数据的集合；而架构是一个命名空间，在不同的命名空间中可以定义同名的数据库对象。与众不同的是，依据 MySQL 5.0 官方文档所述（如下所示），CREATE SCHEMA 从 MySQL 5.0.2 起，可作为 CREATE DATABASE 的一个代名词。

> CREATE DATABASE creates a database with the given name.
>
> To use this statement, you need the CREATE privilege for the database.
>
> CREATE SCHEMA is a synonym for CREATE DATABASE.

由此可见，在 MySQL 的语法操作中（MySQL 5.0.2 及之后），可以使用 CREATE DATABASE 和 CREATE SCHEMA 创建数据库，两者在功能上是一致的。

2.1.1.1　在 MySQL Workbench 中使用界面方式创建数据库

① 启动 MySQL Workbench，单击进入一个 MySQL 连接实例，进入 MySQL Workbench 工作台后，单击如图 2-1 所示的工具按钮，打开数据库设置对话框（如图 2-2 所示）。

② 在图 2-2 所示对话框中按顺序输入数据库名称、设置数据库的默认字符集（一般为 utf8，若已设置 utf8 为默认字符集，则可忽略）和默认校对规则（如 Default Collation），单击"Apply"按钮应用设置，Workbench 会自动生成 SQL 语句，如图 2-3 所示。

③ 在图 2-3 所示界面中单击"Apply"按钮确认操作，弹出如图 2-4 所示对话框，单击"Finish"按钮完成数据库的创建操作。

数据库创建成功后，就会显示在图 2-5 所示的导航栏的数据库列表中。此时，双击数据库的名称即可展开该数据库的菜单查看数据库的基本情况，同时将该数据库设为默认数据库。

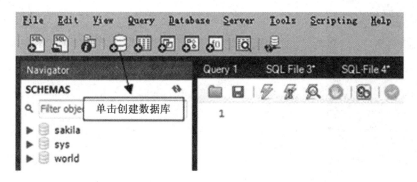

图 2-1　单击 Create Schema 工具按钮创建数据库

图 2-2　数据库设置对话框

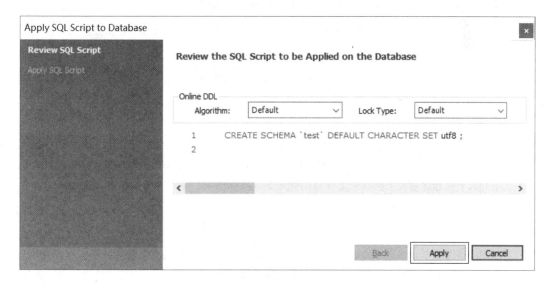

图 2-3　预览创建数据库的 SQL 脚本

图 2-4 完成数据库创建

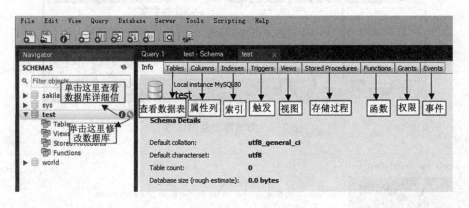

图 2-5 查看数据库的基本信息

> 📖**多学一招：设置默认数据库**
>
> 假如 SQL 语句中没有指定操作的数据库，则默认对默认数据库进行操作。
>
> 除双击数据库名称外，右键单击数据库，在弹出菜单中选择 Set as Default Schema 亦可将数据库设为默认数据库。该操作相当于执行 SQL 语句 USE<database_name>。当某个数据库被设置为默认数据库，SCHEMAS 列表中该数据库的字体会被加粗显示。
>
> 📖**多学一招：查看数据库详细信息**
>
> 单击图 2-5 中数据库名称右边的 🛈，打开图中右边的标签页，可以查看数据库的基本情况、数据表、属性列、索引、触发器、视图、存储过程、函数、权限等详细信息。

2.1.1.2 在 MySQL Workbench 中使用 SQL 命令创建数据库

在 MySQL 中，创建数据库可以使用 CREATE DATABASE 语句或 CREATE SCHE-MA 语句，两者在功能上是一致的。CREATE DATABASE 和 CREATE SCHEMA 的语法格式如下。

> CREATE{DATABASE|SCHEMA}[IF NOT EXISTS]<数据库名>
>
> [[DEFAULT]CHARACTER SET[=]<字符集名>]
>
> [[DEFAULT]COLLATE[=]<校对规则名>]

其中，{}中的内容是多选，[]中的内容是可选的。语法说明如下。

① <数据库名>：创建数据库的名称。MySQL 的数据存储区将以目录方式表示 MySQL 数据库，因此，数据库名称必须符合操作系统的文件夹命名规则，不能以数字开头，尽量要有实际意义。注意，在 MySQL 中不区分大小写。

② IF NOT EXISTS：在创建数据库之前进行判断，只有该数据库目前尚未建立时才能执行操作。此选项可以用来避免数据库已经建立而重复创建的错误。

③ [DEFAULT]CHARACTER SET：指定数据库的字符集。指定字符集的目的是避免在数据库中存储的数据出现乱码的情况。如果在创建数据库时不指定字符集，那么就使用系统的默认字符集。

④ [DEFAULT]COLLATE：指定字符集的默认校对规则。

📖多学一招：关于数据库创建及其属性设置

MySQL 的字符集（CHARACTER）和校对规则（COLLATION）是两个不同的概念。字符集是用来定义 MySQL 存储字符串的方式，校对规则定义了比较字符串的方式。两者作为数据库的特性，被存储在数据库目录的 db.opt 文件中。

MySQL 中的数据库被实现为一个目录，该目录包含与数据库中的表相对应的文件。因为当数据库初始化时是没有表的，创建数据库语句只在 MySQL 数据目录下创建一个目录和 db.opt 文件。

如果在数据库目录下手动创建目录（使用 mkdir），服务器认为它是数据库目录，并显示在数据库里。

也可以使用 mysqladmin 程序在命令行环境下创建数据库。

【例 2-1】最简单的创建 MySQL 数据库的语句。

在 MySQL Workbench 中创建一个名为 test1 的数据库。新建一个 SQL tab，输入如下语句，单击 SQL 脚本编辑区上方的执行按钮（⚡），即可创建一个数据库。输入的 SQL 语句与执行结果如图 2-6 所示。

> create databasetest1 ;

在 Output 输出栏中，绿色的√标志表示语句执行成功，Time 表示命令开始执行的时间，Action 表示执行的操作，Message 列的 1 row affected 表示操作只影响了数据库中一行的记录，Duratio/Fetch 列的 0.016 sec 则记录了操作执行的时间。

注意，用命令方式创建数据库、数据表等对象时，需要在数据库列表空白处单击右键，在弹出的快捷菜单中选择 Refresh All，新建的对象才能显示在列表中。

图 2-6 命令方式创建数据库及 SQL 语句执行结果

再次单击 SQL 脚本执行按钮，系统会给出错误提示信息："Error Code：1007. Can't create database' test1'；database exists"。提示不能创建 test1 数据库，数据库已存在。MySQL 不允许在同一系统下创建两个相同名称的数据库。

为避免类似错误，可在创建数据库时加上 IF NOT EXISTS 从句，语句如下。

> create database if not exists test1；

此时，系统给出警告信息："1 row(s)affected，1 warning(s)：1007 Can't create database' test1'；database exists"。

【例 2-2】创建 MySQL 数据库时指定字符集和校对规则。

在 MySQL Workbench 中创建一个名为 test2 的数据库，指定数据库的默认字符集为 utf8mb4，默认校对规则为 utf8mb4_general_ci(ci 为 case intensive，意为大小写不敏感)。输入的 SQL 语句如下。

> create databaseif not exists test2
> default character set＝utf8mb4
> defaultcollate＝utf8mb4_general_ci；

2.1.2 数据库的修改

2.1.2.1 在 MySQL Workbench 中使用界面方式修改数据库

在 MySQL 数据库中只能对数据库使用的字符集和校对规则进行修改，数据库的这些特性都储存在 db.opt 文件中。

在如图 2-7 所示的对话框中修改数据库特性，该对话框可通过两种方法打开。

① 方法一：在需要修改字符集的数据库上单击右键，在弹出菜单中选择 Alter Schema...。

② 方法二：在图 2-5 所示界面中，单击数据库右边的🔧。

在修改数据库的对话框中，数据库的名称不可以修改，在 Charset/Collation 下拉列表中选择数据库需要修改为的字符集和校对规则。单击"Apply"按钮，即可修改成功。

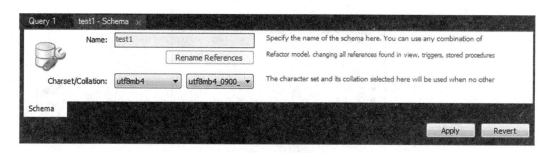

图 2-7　修改数据库特性

2.1.2.2　在 MySQL Workbench 中使用命令方式修改数据库

在 MySQL 中，可以使用 ALTER DATABASE 来修改已经被创建或者存在的数据库的相关参数。修改数据库的语法格式为

> ALTER｛DATABASE|SCHEMA｝［数据库名］｛
> ［DEFAULT］CHARACTER SET＜字符集名＞|
> ［DEFAULT］COLLATE＜校对规则名＞｝

语法说明如下。

① ALTER｛DATABASE|SCHEMA｝用于更改数据库的全局特性。

② 使用｛DATABASE|SCHEMA｝需要获得数据库 ALTER 权限。

③ 数据库名称可以忽略，此时语句对应默认数据库。

④ CHARACTER SET 子句用于更改默认的数据库字符集。

【例 2-3】将 test1 数据库的默认字符集修改为 gb2312，默认校对规则修改为 gb2312_chinese_ci。输入的语句如下。

> alterschema test1
> character set gb2312
> collategb2312_chinese_ci；

2.1.3　数据库的删除

当不再使用某数据库时应该将其删除，以确保数据库存储空间中存放的是有效数据。删除数据库是将已经存在的数据库从磁盘空间上清除，清除之后，数据库中的所有数据也将一同被删除。

2.1.3.1　在 MySQL Workbench 中使用界面方式删除数据库

可以在 SCHEMAS 列表中删除数据库。在需要删除的数据库上单击右键，选择 Drop Schema…（如图 2-8 所示），在弹出的对话框中单击 Drop Now 选项，即可直接删除数据库（如图 2-9 所示）。

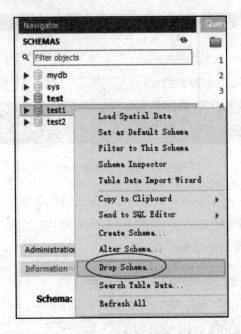

图 2-8 删除数据库

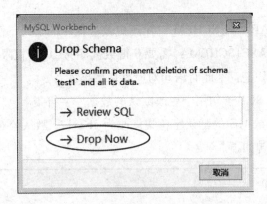

图 2-9 确认删除数据库对话框

若单击 "Review SQL" 按钮, 则可以显示删除操作对应的 SQL 语句。单击 "Execute" 按钮就可以执行删除操作。

2.1.3.2 在 MySQL Workbench 中使用命令方式删除数据库

在 MySQL 中, 当需要删除已经创建的数据库时, 可以使用 DROP DATABASE 语句。其语法格式如下。

DROP{DATABASE|SCHEMA}[IF EXISTS]<数据库名>

语法说明如下。

① <数据库名>: 指定要删除的数据库名。

② IF EXISTS: 用于防止当数据库不存在时发生错误。

③ DROP{DATABASE|SCHEMA}：删除数据库中的所有表格并同时删除数据库。如果要使用 DROP DATABASE，需要获得数据库 DROP 权限。

【例 2-4】使用命令方式删除数据库 test2。

```
dropschema if exists test2;
```

使用 DROP DATABASE 命令时要非常谨慎，在执行该命令后，MySQL 不会给出任何提示确认信息。DROP DATABASE 删除数据库后，数据库中存储的所有数据表和数据也将一同被删除，而且不能恢复。因此最好在删除数据库之前先将数据库进行备份。

2.1.4 数据库备份

尽管采取了一些管理措施来保证数据库的安全，但是在意外情况下，总是有可能造成数据的损失。例如，意外停电、不小心操作失误等都可能造成数据的丢失。所以，为了保证数据的安全，需要定期对数据进行备份。

备份是以防万一的一种必要手段，在出现硬件损坏，或非人为的因素而导致数据出现错误或丢失时，可以使用备份恢复数据，以将损失降到最低，因此备份是必需的。

根据备份的方法(是否需要数据库离线)可以将备份分为三种。

① 热备份(hot backup)：热备份可以在数据库运行中直接备份，对正在运行的数据库操作没有任何的影响，数据库的读写操作可以正常执行。这种方式在 MySQL 官方手册中被称为 Online Backup(在线备份)。

② 冷备份(cold backup)：冷备份必须在数据库停止的情况下进行备份，数据库的读写操作不能执行。这种备份最为简单，一般只需要复制相关的数据库物理文件即可。这种方式在 MySQL 官方手册中被称为 Offline Backup(离线备份)。

③ 温备份(warm backup)：温备份同样是在数据库运行中进行的，但是会对当前数据库的操作有所影响，备份时仅支持读操作，不支持写操作。

按照备份后文件的内容，热备份又可以分为逻辑备份和裸文件备份。在 MySQL 数据库中，逻辑备份是指备份出的文件内容是可读的，一般是文本内容，内容由一条条 SQL 语句，或者由表内实际数据组成。如 mysqldump 和 SELECT* INTO OUTFILE 的方法。这类方法的好处是可以观察导出文件的内容，一般适用于数据库的升级、迁移等工作；缺点是恢复时间较长。裸文件备份是指复制数据库的物理文件，既可以在数据库运行中进行复制(如 ibbackup、xtrabackup 这类工具)，也可以在数据库停止运行时直接复制数据文件。裸文件备份的恢复时间往往比逻辑备份短很多。

按照备份数据库的内容划分，备份还可以分为完全备份和部分备份。完全备份是指对数据库进行一个完整的备份，即备份整个数据库，如果数据较多，会占用较长时间和较大空间。部分备份是指备份部分数据库(例如，只备份一个表)。

部分备份又可分为增量备份和差异备份。增量备份需要使用专业的备份工具，指的是在上次完全备份的基础上，对更改的数据进行备份。也就是说，每次备份只会备份自上次备份之后到备份时间之间产生的数据。因此每次备份都比差异备份节约空间，但是恢复数据麻烦。差异备份指的是备份自上一次完全备份以来变化的数据。和增量备份相比，差异备份浪费空间，但恢复数据比增量备份简单。

在 MySQL 中进行不同方式的备份还要考虑存储引擎是否支持，如 MyISAM 不支持热备份，支持温备份和冷备份。而 InnoDB 支持热备份、温备份和冷备份。

一般情况下，需要备份的数据分为以下几种。

① 表数据。

② 二进制日志、InnoDB 事务日志。

③ 代码(存储过程、存储函数、触发器、事件调度器)。

④ 服务器配置文件。

常用的几种备份工具包括：

① mysqldump：逻辑备份工具，适用于所有的存储引擎，支持温备、完全备份、部分备份，对于 InnoDB 存储引擎支持热备份。

② cp，tar 等归档复制工具：物理备份工具，适用于所有的存储引擎、冷备份、完全备份、部分备份。

③ lvm2 snapshot：借助文件系统管理工具进行备份。

④ mysqlhotcopy：仅支持 MyISAM 存储引擎。

⑤ xtrabackup：一款由 percona 提供的非常强大的 InnoDB/XtraDB 热备份工具，支持完全备份、增量备份。

2.1.4.1　在 MySQL Workbench 中使用界面方式备份数据库

进入 Workbench 主界面后，单击左侧导航栏的 Administration 选项卡，在 Management 区域单击 Data Export 选项，打开如图 2-10 所示的数据导出对话框。具体操作步骤如下。

① 在 Object Selection 选项卡的 Tables to Export 组，单击"Refresh"按钮刷新数据库列表。

② 选择需要备份的数据库及需要备份的数据表(当选择一个数据库后，默认选择这个数据库下的所有表)。

③ 单击 Select Views 按钮左侧的下拉列表，根据需要选择备份导出的内容，一般有三个选项。

• Dump Structure and Data：备份结构和数据。

• Dump Data Only：只备份数据。

• Dump Structure Only：只备份结构。

在 Object to Export 组中，还可以选择转储存储过程和函数、转储事件、转储触发器。

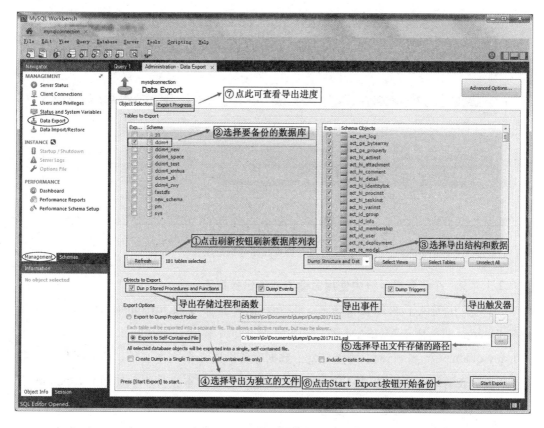

图 2-10　数据导出对话框

④ 在 Export Options 中，设置数据库的导出方式，有两种选择。

• Export to Dump Project Folder：导出到转储项目文件夹，每个数据表对应一个.sql文件。

• Export to Self-Contained File：导出到自包含文件，整个数据库导出到一个.sql 文件中。此种方式为常用的数据库导出操作。选择这种导出方式，还可以设置在单个事务中创建转储（Create Dump in a Single Transaction self-contained file only）。

此外，在设置数据库的导出方式时，可选择是否包含创建数据库（Include Create Schema）。此项不选择，则在还原数据库时必须指定一个目标数据库或新建一个数据库；若选择，则在导入数据时默认创建一个与导出数据库同名的数据库。

⑤ 单击 Object to Export 中导出方式右边的 ![...] ，设置导出文件存放的路径及文件名。

⑥ 单击右下角的"Start Export"按钮开始备份。也可以在 Export Progress 标签页中单击"Start Export"按钮开始备份，同时查看备份进程及备份结果。若进度条完成无错误，则备份成功。如图 2-11 所示。

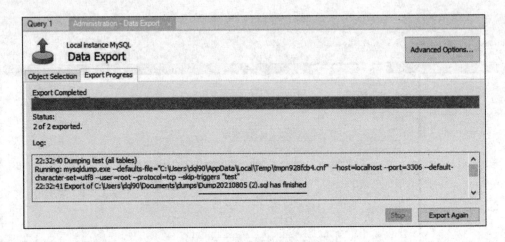

图 2-11　查看数据导出进度

2.1.4.2　在命令提示符中使用命令方式备份数据库

MySQL 中提供了两种备份方式，即 mysqldump 命令及 mysqlhotcopy 脚本。由于 mysqlhotcopy 只能用于 MyISAM 表，所以 MySQL 5.7 移除了 mysqlhotcopy 脚本。

mysqldump 命令执行时，可以将整个数据库备份成一个文本文件。所有重建数据库（包括数据表的结构和数据）的 SQL 命令将存储在这个文本文件中。使用 mysqldump 命令备份一个数据库的语法格式如下。

> mysqldump-u username-p dbname[tbname...]>filename.sql

其中的参数说明如下。

① username：用户名称。

② dbname：需要备份的数据库名称。

③ tbname：数据库中需要备份的数据表，可以指定多个数据表，缺省则备份整个数据库。

④ 右箭头 ">"：用来告诉 mysqldump 将备份数据表的定义和数据写入备份文件。

⑤ filename.sql：备份文件的名称，文件名前面可以加绝对路径。通常将数据库备份成一个后缀为.sql 的文件。

注意：

① mysqldump 命令备份的文件并非一定要求后缀为.sql，备份成其他格式的文件也是可以的。例如，后缀为.txt 的文件。通常情况下，建议备份成后缀为.sql 的文件，以便于识别。

② mysqldump 命令必须在 cmd 窗口下执行，不能登录到 MySQL 服务器中执行。

（1）备份数据库下某个数据表。

【例 2-5】通过命令方式使用 root 用户身份备份 test 数据库下的 t1 表，存储为 D：\

t1. sql。

打开命令行(cmd)窗口，输入如下备份命令及密码。

```
mysqldump-u root-p test t1>d：\t1. sql
Enter password：＊＊＊＊
```

输入密码后，MySQL 会对 test 数据库下的 t1 数据表进行备份。备份成功即可在指定路径下查看备份文件。若没有指定绝对路径，则备份文件默认保存在命令行窗口的当前目录下。

（2）备份整个数据库。

【例 2-6】通过命令方式使用 root 用户身份备份 test 数据库，存储为 D：\test.sql。

```
mysqldump-u root-p test>d：\test.sql
```

（3）备份多个数据库。

如果要使用 mysqldump 命令备份多个数据库，需要使用--databases 参数。加上--databases 参数后，必须指定至少一个数据库名称，多个数据库名称之间用空格隔开。

【例 2-7】通过命令方式使用 root 用户身份备份 test 数据库和 mydb 数据库，存储为 D：\tm.sql。

```
mysqldump-u root-p--databases test mydb>d：\tm.sql
```

📖**多学一招：使用命令方式备份数据库**

使用 mysqldump 命令备份数据库时，加上--databases 参数，默认在备份数据库时包含创建模式，相当于用界面方式备份数据库时选择 Include Create Schema 选项。

（4）备份所有数据库。

备份所有数据库需要使用--all-databases 参数(简写为-A)。注意：使用--all-databases 参数时，不需要指定数据库名称。

【例 2-8】通过命令方式使用 root 用户身份备份 MySQL 服务器上所有数据库，存储为 D：\all.sql。

```
mysqldump-u root-p--all-databases>d：\all.sql
```

（5）只备份数据表结构，不备份数据，使用参数--no-data。

【例 2-9】通过命令方式使用root用户身份备份 test 数据库的数据表结构，存储为 D：\test_structure.sql。

```
mysqldump-u root-p--no-data--databases test>d：\test_structure.sql
```

（6）保证导出的一致性状态，使用参数--single-transaction。

在导出数据之前提交一个 BEGIN SQL 语句，BEGIN 不会阻塞任何应用程序且能保证导出时数据库的一致性状态。它只适用于多版本存储引擎，如 InnoDB。本选项和--lock-tables 选项是互斥的，因为 LOCK TABLES 会使任何挂起的事务隐含提交。想导出大表的话，应结合使用--quick 选项。

（7）开始导出数据时，锁定所有数据表，使用参数--lock-tables。

用 READ LOCAL 锁定表以允许 MyISAM 表并行插入。对于支持事务的表，例如 InnoDB 和 BDB，--single-transaction 是一个更好的选择，因为它根本不需要锁定表。

请注意：当导出多个数据库时，--lock-tables 分别为每个数据库锁定表。因此，该选项不能保证导出文件中的表在数据库之间的逻辑一致性。不同数据库表的导出状态可以完全不同。

（8）显示帮助信息，使用参数--help。

```
mysqldump--help
```

2.1.5　数据库恢复

数据库恢复是指以备份为基础，与备份相对应的系统维护和管理操作。当数据丢失或意外损坏时，可以通过恢复已经备份的数据来尽量减少数据的丢失和破坏造成的损失。

系统进行恢复操作时，先执行一些系统安全性的检查，包括检查所要恢复的数据库是否存在、数据库是否变化及数据库文件是否兼容等，再根据所采用的数据库备份类型采取相应的恢复措施。

数据库恢复机制设计的两个关键问题：① 如何建立冗余数据；② 如何利用这些冗余数据实施数据库恢复。建立冗余数据最常用的技术是数据转储和登录日志文件。在一个数据库系统中，这两种方法通常是一起使用的。数据转储是 DBA 定期地将整个数据库复制到磁带或另一个磁盘上保存起来的过程。这些备用的版本成为后备副本或后援副本。

2.1.5.1　在 MySQL Workbench 中使用界面方式还原数据库

进入 Workbench 主界面后，单击左侧导航栏的"Administration"选项卡，在 Management 区域单击"Data Import/Restore"（导入/还原）选项，打开如图 2-12 所示的数据导入对话框。具体操作步骤如下。

① 在 Import from Disk 选项卡的 Import Options 组，单击选择一种还原方式。

● Import from Dump Project Folder：根据转储项目文件夹中还原数据库。

● Import from Self-Contained File：根据自包含文件（独立的.sql 文件）中还原数据库。

② 单击 Import Options 右边的 [...]，选择导入文件的存储路径。

③ 在 Default Schema to be Imported To 组，单击 Default Target Schema 右边的列表框，选择一个要还原的数据库，若目标数据库不存在，可单击 [New...] 创建一个新的数据库。

注意，若还原方式选择"Import from Dump Project Folder"，目标数据库列表框和 [New...] 为灰色，需要通过导航栏在 Schema 列表中创建数据库；若在备份数据库时选择了"Include Create Schema"，目标数据库可不选择或新建。

④ 单击数据导入对话框下方的下拉列表，选择导入后创建表或数据，或者两者都创建。

⑤ 单击"Start Import"按钮还原数据。

⑥ 单击"Import Progress"按钮可查看导入进度，进度条完成无错误，则导入成功。

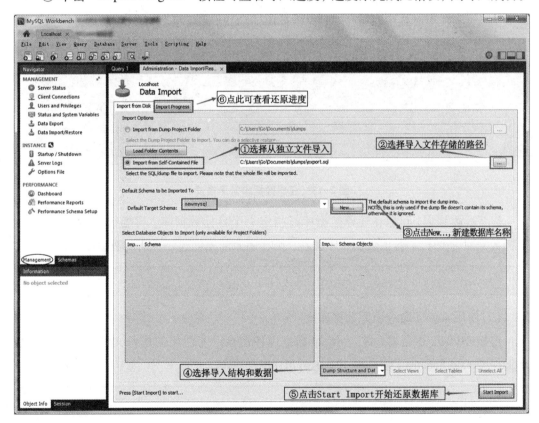

图 2-12　数据导入对话框

2.1.5.2　在命令提示符中使用命令方式还原数据库

MySQL 提供了多种方式来还原数据库，常用的有 mysql 和 source 命令。

（1）使用 mysql 命令还原数据库。

mysql 命令可以执行备份文件中的 CREATE 语句和 INSERT 语句，也就是说，mysql 命令可以通过 CREATE 语句来创建数据库和表，通过 INSERT 语句来插入备份的数据。

mysql 命令语法格式如下。

> mysql-u username-P[dbname]<filename.sql

其中，username 表示用户名称。dbname 表示数据库名称，该参数是可选参数。如果指定的数据库名不存在将会报错。如果 filename.sql 文件为 mysqldump 命令创建的包含创建数据库语句的文件，则执行时不需要指定数据库名。filename.sql 表示备份文件的名称。

注意：mysql 命令和 mysqldump 命令一样，都直接在命令行(cmd)窗口下执行。

【例 2-10】通过命令方式使用 root 用户身份还原数据库，备份文件为 D：\test.sql。

> mysql-u root-p<d：\test.sql

注意：例 2-10 所用备份文件在导出时选择了 Include Create Schema，若没有选择此选项，则用上述命令还原数据库时，将提示错误：No database selected。如图 2-13 所示。

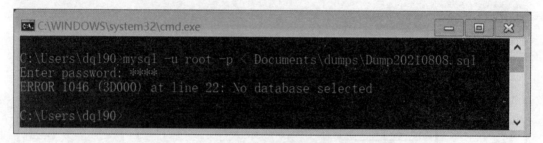

图 2-13　还原数据库常见错误

订正此类错误，可以在还原数据库时指定一个目标数据库，再运行下述命令(假设目标数据库为 test)。若该数据库不存在，则在还原前先创建一个新的数据库。

> mysql-u root-p test<d：\test.sql

(2)使用 source 命令还原数据库。

连接 MySQL 服务器，进入 mysql 数据库控制台。若使用的备份文件导出时选择了 Include Create Schema，则直接用下述语句还原数据库。

> mysql>source D：/test.sql；

若备份文件导出时没有选择 Include Create Schema，则必须在还原数据库时先通过命令 use 指定默认数据库，然后用下述语句恢复备份文件。

> mysql>use test；
> Database changed
> mysql>source D：/test.sql；

假如指定的数据库不存在，则必须先创建一个新的数据库。

2.2　实验一：数据库的管理

2.2.1　实验预习

① 什么是数据库管理系统 DBMS？你所知道的 DBMS 有哪些？

② 写出 MySQL 中数据库创建语句格式。

③ 写出 MySQL 中数据库修改语句格式。

④ 写出 MySQL 中数据库删除语句格式。

⑤ MySQL Workbench 提供了 mysqldump，mysql，source 等多种命令来实现数据库的备份和恢复操作。请分别写出这三个命令的语句格式。

2.2.2　实验目的

① 熟悉 MySQL Workbench 工作台组成及基本功能，掌握 MySQL 服务器的连接方法。

② 掌握通过界面方式和命令方式创建、修改、删除数据库的基本方法。

③ 了解数据库备份和数据库恢复的概念，掌握备份、还原数据库的基本方法。

2.2.3　实验课时、环境及要求

实验课时：2 学时。

实验环境：Windows 操作系统，MySQL 8.0，MySQL Workbench 8.0，office 办公软件。

实验要求：

① 按照要求独立完成实验。

② 提交规范的实验报告。

2.2.4　实验内容

（1）创建数据库。

① 用界面方式创建一个名为 mydb1 的数据库。数据库的默认字符集为 gb2312，默认校对规则为 gb2312_chinese_ci。

② 用命令方式创建一个名为 mydb2 的数据库。默认字符集为 utf8，默认校对规则为 utf8_bin。

（2）修改数据库。

① 用界面方式将数据库 mydb1 的默认字符集改为 utf16，校对规则采用默认值。

② 用命令方式将数据库 mydb2 的默认字符集改为 utf8mb4，校对规则为 utf8mb4_general_ci。

（3）备份数据库。

① 用界面方式将数据库 mydb1 备份为一个文件，保存到 D 盘根目录，备份文件名为 mydb1. sql，选择包含创建模式选项（Include Create Schema）。

② 用命令方式将数据库 mydb2 备份为一个文件，保存到 D 盘根目录，备份文件名为 mydb2. sql。

（4）删除数据库。

① 用界面方式删除数据库 mydb1。

② 用命令方式删除数据库 mydb2。

（5）恢复数据库。

① 用界面方式恢复数据库 mydb1。

② 用命令方式（mysql 或 source）恢复数据库 mydb2。

2.2.5　实验思考

用命令方式备份数据库时，如何让备份文件包含创建模式？

习题一

一、选择题

1. 在数据管理技术发展的三个阶段中，数据独立性最高的是_____阶段。

A. 数据库系统　　　　B. 文件系统　　　　C. 人工管理　　　　D. 数据项管理

2. 数据库的概念模型独立于_____。

A. 具体的机器和 DBMS　　　　　　　B. E-R 图

C. 信息世界　　　　　　　　　　　　D. 现实世界

3. 数据库的基本特点是_____。

A. ①数据可以共享（或数据结构化）；②数据独立性；③数据冗余大，易移植；④统一管理和控制

B. ①数据可以共享（或数据结构化）；②数据独立性；③数据冗余小，易扩充；④统一管理和控制

C. ①数据可以共享（或数据结构化）；②数据互换性；③数据冗余小，易扩充；④统一管理和控制

D. ①数据非结构化；②数据独立性；③数据冗余小，易扩充；④统一管理和控制

4. _____是存储在计算机内有结构的数据的集合。

A. 数据库系统　　　　　　　　　B. 数据库

C. 数据库管理系统　　　　　　　D. 数据结构

5. 数据库中存储的是_____。

A. 数据　　　　　　　　　　　　B. 数据模型

C. 数据及数据之间的联系　　　　D. 信息

6. 数据库中，数据的物理独立性是指_____。

A. 数据库与数据库管理系统的相互独立

B. 用户程序与 DBMS 的相互独立

C. 用户的应用程序与存储在磁盘上的数据库中的数据相互独立

D. 应用程序与数据库中数据的逻辑结构相互独立

7. 数据库的特点之一是数据的共享，严格地讲，这里的数据共享是指_____。

A. 同一个应用中的多个程序共享一个数据集合

B. 多个用户、同一种语言共享数据

C. 多个用户共享一个数据文件

D. 多种应用、多种语言、多个用户相互覆盖地使用数据集合

8. 数据库系统的核心是_____。

A. 数据库　　　　　　　　　　　B. 数据库管理系统

C. 数据模型　　　　　　　　　　D. 软件工具

9. 下述关于数据库系统叙述中正确的是_____。

A. 数据库系统减少了数据冗余

B. 数据库系统避免了一切冗余

C. 数据库系统中数据的一致性是指数据类型一致

D. 数据库系统比文件系统能管理更多的数据

10. 将数据库的结构划分成多个层次，是为了提高数据库的 ____①____ 和 ____②____ 。

① A. 数据独立性　　B. 逻辑独立性　　C. 管理规范性　　D. 数据的共享

② A. 数据独立性　　B. 逻辑独立性　　C. 管理规范性　　D. 物理独立性

11. 数据库(DB)、数据库系统(DBS)和数据库管理系统(DBMS)三者之间的关系是_____。

A. DBS 包括 DB 和 DBMS　　　　B. DBMS 包括 DB 和 DBS

C. DB 包括 DBS 和 DBMS　　　　D. DBS 就是 DB，也就是 DBMS

12. 在数据库中，产生数据不一致的根本原因是_____。

A. 数据存储量太大　　　　　　　B. 没有严格保护数据

C. 未对数据进行完整性控制　　　D. 数据冗余

13. 数据库管理系统（DBMS）是_____。

    A. 数学软件   B. 应用软件

C. 计算机辅助设计   D. 系统软件

14. 数据库管理系统（DBMS）的主要功能是_____。

    A. 修改数据库   B. 定义数据库   C. 应用数据库   D. 保护数据库

15. 数据库系统的特点是_____、数据独立、减少数据冗余、避免数据不一致和加强了数据保护。

    A. 数据共享   B. 数据存储   C. 数据应用   D. 数据保密

16. 数据库系统的最大特点是_____。

    A. 数据的三级抽象和二级独立性   B. 数据共享性

    C. 数据的结构化   D. 数据独立性

17. 数据库管理系统能实现对数据库中数据的查询、插入、修改和删除等操作，这种功能称为_____。

    A. 数据定义功能   B. 数据管理功能

    C. 数据操纵功能   D. 数据控制功能

18. 数据库管理系统是_____。

    A. 操作系统的一部分   B. 在操作系统支持下的系统软件

    C. 一种编译程序   D. 一种操作系统

19. 数据库的三级模式结构中，描述数据库中全体数据的全局逻辑结构和特征的是_____。

    A. 外模式   B. 内模式   C. 存储模式   D. 逻辑模式

20. 数据库系统的数据独立性是指_____。

    A. 不会因为数据的变化而影响应用程序

    B. 不会因为系统数据存储结构与数据逻辑结构的变化而影响应用程序

    C. 不会因为存储策略的变化而影响存储结构

    D. 不会因为某些存储结构的变化而影响其他的存储结构

21. 实体是信息世界中的术语，与之对应的数据库术语为_____。

    A. 文件   B. 数据库   C. 字段   D. 记录

22. 次型、网状型和关系型数据库划分原则是_____。

    A. 记录长度   B. 文件的大小

    C. 联系的复杂程度   D. 数据之间的联系

23. 根据传统的数据模型分类，数据库系统可以分为三种类型，即_____。

    A. 大型、中型和小型   B. 西文、中文和兼容

    C. 层次、网状和关系   D. 数据、图形和多媒体

24. 层次模型不能直接表示_____。

A. 1：1 关系 　　　　　　　　　　　　B. 1：*m* 关系

C. *m*：*n* 关系 　　　　　　　　　　　D. 1：1 和 1：*m* 关系

25. 数据库技术的奠基人之一 E. F. Codd 从 1970 年起发表过多篇论文，主要论述的是_____。

A. 层次数据模型 　　　　　　　　　　B. 网状数据模型

C. 关系数据模型 　　　　　　　　　　D. 面向对象数据模型

26. 三级模式是对_____的三个抽象级别。

A. 数据 　　　　　　　　　　　　　　B. 数据库

C. 数据库系统 　　　　　　　　　　　D. 数据库管理系统

27. 下列选项中，哪个是 MySQL 默认提供的用户？_____

A. admin 　　　　　B. test 　　　　　C. root 　　　　　D. user

28. 还原数据库时，使用的命令是_____。

A. mysqldump 　　　B. mysql 　　　　C. import 　　　　D. create

29. 备份数据库时，使用的命令是_____。

A. mysqldump 　　　B. mysql 　　　　C. import 　　　　D. source

30. 在 MySQL 中，可支持事务、外键的常用数据库引擎是_____。

A. MyISAM 　　　　　　　　　　　　B. FEDERATED

C. InnoDB 　　　　　　　　　　　　D. MEMORY

二、填空题

1. 数据管理技术经历了_____、_____和_____三个阶段。

2. 数据库是长期存储在计算机内、有_____的、可_____的数据集合。

3. DBMS 是指_____，它是位于_____和_____之间的一层管理软件。

4. 数据库管理系统的主要功能有_____、_____、数据库的运行管理和数据库的建立及维护等 4 个方面的功能。

5. 数据独立性又可分为_____和_____。

6. 当数据的物理存储改变了，应用程序不变，而由 DBMS 处理这种改变，这是指数据的_____。

7. 数据模型是由_____、_____和_____三部分组成的。

8. _____是对数据系统的静态特性的描述，_____是对数据库系统的动态特性的描述。

9. 数据库体系结构按照_____、_____和_____三级结构进行组织。

10. 实体之间的联系可抽象为三类，它们是_____、_____和_____。

11. 数据冗余可能导致的问题有_____和_____。

12. 一个数据库中包含的文件有_____、辅助数据文件和_____。

13. 在数据库运行过程中，要保证数据库的逻辑数据独立性，需要修改_____之间的映射。

14. 文件系统与数据库之间的主要区别是看_____。

15. 关系代数中，从两个关系中找出相同元组的运算称为_____运算。

16. MySQL 配置文件的文件名是_____。

17. 在 MySQL 配置文件中，_____用于指定数据库文件的保存目录。

三、判断题

1. MySQL 只能运行于 Windows 操作系统上。（　　　）

2. MySQL 5.6 中默认的存储引擎是 MyISAM。（　　　）

3. 在 MySQL 中要创建 choose 数据库，应该使用命令"create table choose；"。
（　　　）

4. 使用 PhpMyAdmin 中的导入和导出功能，可以逻辑备份数据库。（　　　）

5. 数据只包括普通意义上的数字和文字。（　　　）

6. 关系模型的数据结构是二维表。（　　　）

7. 概念模式是对数据库的整体逻辑结构的描述。（　　　）

8. 数据冗余度高是数据库系统的特点之一。（　　　）

9. 数据库管理系统的主要功能是计算功能。（　　　）

10. 数据库是长期存储在计算机内的、有组织的数据集合。（　　　）

四、简答题

1. 什么是数据库？

2. 什么是数据库的数据独立性？

3. 什么是数据库管理系统？

4. 在数据库设计中，概念模型设计时两个实体集间的联系有哪几种？请为每一种联系举出一个实例。

5. 数据库管理系统的主要功能有哪些？

6. 使用数据库系统有什么好处？

7. 试述文件系统与数据库系统的区别和联系。

8. 试述数据库系统的组成。

9. 试述数据模型的概念、数据模型的作用和数据模型的三个要素。

第3章　数据表操作

3.1　关键知识点

在 SQL 中，把传统的关系模型中的关系模式称为数据表（也叫基本表），基本表是本身独立的表，一个关系对应一个基本表。

在 MySQL 数据库中，所有的数据都存储在数据表中。数据表是数据库的重要组成部分，每一个数据库都是由若干个数据表组成的。没有数据表就无法在数据库中存放数据。

3.1.1　创建数据表

创建数据表的过程是规定数据列的属性的过程，同时也是实施数据完整性（包括实体完整性、引用完整性和域完整性）约束的过程。MySQL 不仅可以根据开发需求创建新的数据表，还可以根据已有的数据表复制相同的表结构。

3.1.1.1　在 MySQL Workbench 中使用界面方式创建数据表

打开 MySQL Workbench 软件，在 SCHEMAS 列表中双击待建立数据表的数据库，将其设为默认数据库（此处默认数据库为 test），单击工具栏中的创建数据表按钮 ⓘ，或在 Tables 菜单上单击右键，在弹出菜单中选择 Create Table…（如图 3-1 所示），即可打开创建数据表对话框（如图 3-2 所示），具体设置步骤如下。

（1）在如图 3-2 所示创建数据表对话框的①处输入表名。

（2）双击如图 3-2 所示②中的行增加数据列，编辑数据表属性，包括列名（Column Name）、数据类型（Datatype）、主键（PK）、是否为空（NN、唯一键（UQ）、二进制列（B）、无符号数据类型（UN）、数字 0 填充（ZF）、自动增长（AI）、生成列（G）、默认值（Default/Expression）。

（3）如需设置索引、外键、触发器等，可单击 Indexes，Foreign Keys，Triggers 等选项卡进行设置。设置完成，单击"Apply"按钮进入 SQL 脚本预览界面，再依次单击"Apply"按钮和"Finish"按钮完成数据表创建。

图 3-1 创建数据表

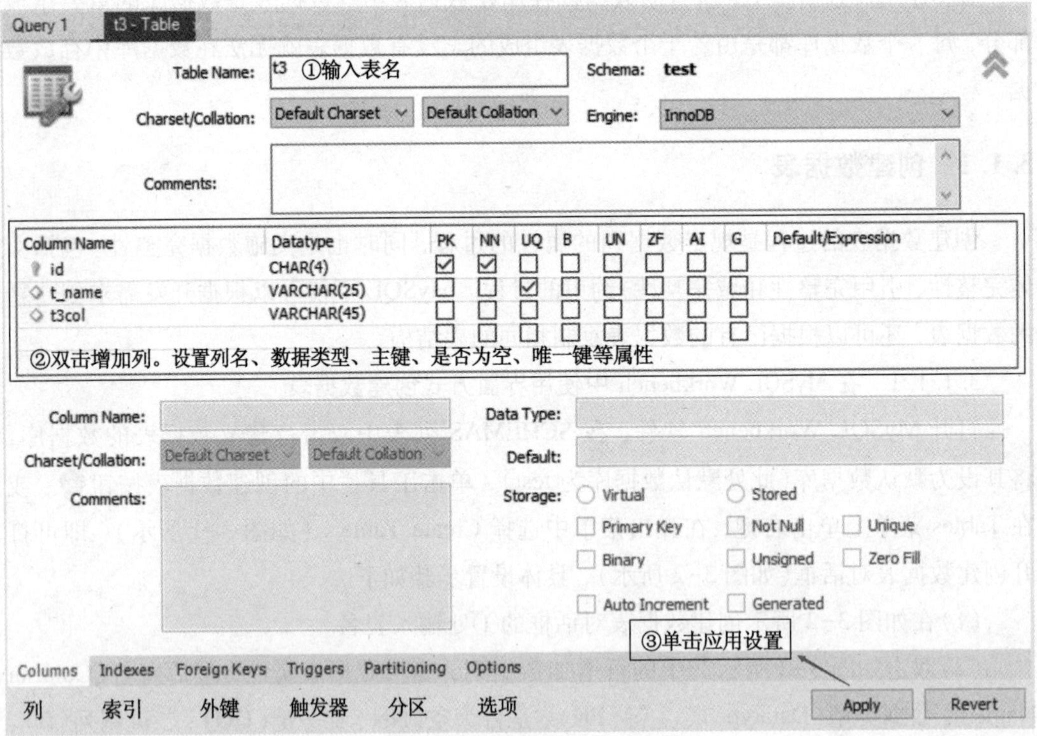

图 3-2 创建数据表对话框

3.1.1.2　在 MySQL Workbench 中使用 SQL 命令创建数据表

在 MySQL 中，可以使用 CREATE TABLE 语句创建表。其语法格式为

> CREATE TABLE[if not exists]<表名>(<表定义选项>)[表选项][分区选项]；

其中，<表定义选项>的格式为

> <列名 1><类型 1>[,...]<列名 n><类型 n>

CREATE TABLE 语句的主要语法及使用说明如下。

① CREATE TABLE：用于创建给定名称的表，必须拥有表 CREATE 的权限。

② <表名>：指定要创建表的名称，在 CREATE TABLE 之后给出，必须符合标识符命名规则，不区分大小写，不能使用 SQL 语言中的关键字，如 DROP，ALTER，INSERT 等。表名称被指定为 db_name.tbl_name，以便在特定的数据库中创建表。无论是否有当前数据库，都可以通过这种方式创建。在当前数据库中创建表时，可以省略 db. name。如果使用加引号的识别名，则应对数据库和表名称分别加引号。例如，'mydb'.'mytbl' 是合法的，但' mydb.mytbl' 不合法。

③ <表定义选项>：由列名(col_name)、列的定义(column_definition)及可能的空值说明、完整性约束或表索引组成。必须指定数据表中每列(字段)的名称和数据类型，如果创建多个列，要用逗号隔开。格式形如"字段名 1 字段类型[字段属性]，字段名 2 字段类型[字段属性]，……，字段名 n 字段类型[字段属性]"。

④ [表选项]：指定数据表使用的存储引擎(engine)、决定插入表数据时自增列的值(auto_increment)、给表添加注释(comment)。

⑤ [分区选项]：通过分区语句 partition by 创建表分区，创建前可通过 show plugins 查询是否开启表分区功能。MySQL 默认支持表分区。

⑥ 默认的情况是，数据表被创建到当前的数据库中。若存在同名数据表、没有当前数据库或者数据库不存在，则会出现错误。

【例 3-1】使用命令方式在 Test 数据中创建商品表 goods，goods 表结构设置如表 3-1 所示。

表 3-1　商品表(goods)

列名	数据类型	长度	完整性约束	键值	说明
gno	char	6	NOT NULL	主键	商品编号
gname	varchar	10	NOT NULL		商品名称
price	float		NOT NULL		单价
producer	varchar	20	NOT NULL		生产商

新建一个 SQL Tab，在编辑区输入以下语句，单击执行按钮运行 SQL 脚本创建

goods 表。

```
use test;
create table goods(
    gno char(6)primary key not null comment'商品编号',
    gname nvarchar(10)not null'商品名称',
    price float not null'单价',
    producer nvarchar(20)not null'生产商'
)
comment'商品表';
```

3.1.2 查看数据表

数据表创建成功后,将鼠标滑动到数据表上,在悬浮按钮上单击❶可以查看数据表的基本信息,包括字符集、校对规则、字段、索引、触发器、外键、分区、授权、基本表的创建语句等,如图 3-3 所示。

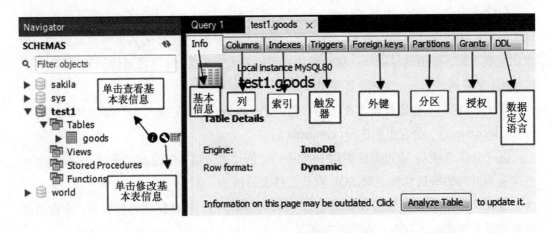

图 3-3 查看数据表信息

MySQL 还提供专门的 SQL 语句,用于查看某数据库中的所有数据表或某数据表的相关信息。

3.1.2.1 查看数据表

在 MySQL 中,可以通过 SHOW TABLES 语句查看某个数据库中存在哪些表,基本语法格式如下。

```
SHOW TABLES[LIKE 匹配模式];
```

上述语法中,[LIKE 匹配模式]为可选项,缺省时表示查看当前数据库中所有的数据表,否则表示按照匹配模式查看数据表。其中,匹配模式符可以为%或_,前者表示匹配零个到多个字符,代表任意长度的字符串;后者表示仅可以匹配一个字符。

【例3-2】查看 test 数据库中有哪些数据表。

```
use test;
show tables;
```

运行结果如图 3-4 所示。从图 3-4 可知,test 数据库中共有 11 个数据表。

【例3-3】查看 test 数据库中、名称中含有 goods 的数据表。

```
use test;
show tables like'%goods%';
```

运行结果如图 3-5 所示。从图 3-5 可知,test 数据库中名称包含 goods 的数据表共有 3 个。

Tables_in_test
▶ course
goods
goods_copy
goods_copydata
my_unique
ss
student
stutable
t2
t3
t4

Tables_in_test (goods%)
▶ goods
goods_copy
goods_copydata

图 3-4 例 3-2 的运行结果　　　　图 3-5 例 3-3 的运行结果

3.1.2.2 查看数据表的状态信息

除了查看数据库中有哪些数据表外,还可以通过 SHOW TABLE STATUS 语句查看某个数据库中指定数据表的相关信息,包括数据表名称、存储引擎、创建时间等,基本语法格式如下。

```
SHOW TABLE STATUS[FROM 数据库][LIKE 匹配模式];
```

上述语法中,[LIKE 匹配模式]为可选项,缺省时表示查看当前数据库中所有的数据表,否则表示查看名形如匹配模式的数据表的信息。

【例3-4】查看 test 数据库中所有数据表的状态信息。

```
show table status from test;
```

运行结果如图3-6所示。

	Name	Engine	Version	Row_format	Rows	Avg_row_length	Data_length	Max_data_length	Index_length	Data_free
▶	course	InnoDB	10	Dynamic	0	0	16384	0	0	0
	goods	InnoDB	10	Dynamic	9	1820	16384	0	0	0
	goods_copy	InnoDB	10	Dynamic	0	0	16384	0	0	0
	goods_copydata	InnoDB	10	Dynamic	11	1489	16384	0	0	0
	my_unique	InnoDB	10	Dynamic	0	0	16384	0	32768	0
	ss	InnoDB	10	Dynamic	0	0	16384	0	0	0
	student	InnoDB	10	Dynamic	0	0	16384	0	0	0
	stutable	InnoDB	10	Dynamic	2	8192	16384	0	0	0
	t2	InnoDB	10	Dynamic	0	0	16384	0	0	0
	t3	InnoDB	10	Dynamic	0	0	16384	0	16384	0
	t4	InnoDB	10	Dynamic	0	0	16384	0	0	0

图3-6 例3-4的运行结果

3.1.2.3 查看数据表结构

在 MySQL 中，可以通过 DESCRIBE 语句或 SHOW COLUMNS 语句查看指定数据表的表结构，包括字段名称、数据类型、是否为空、默认值等。其中，DESCRIBE 语句还可以简写成 DESC，其基本语法格式如下。

```
{DESCRIBE|DESC} 数据表名;
```

SHOW COLUMNS 语句的基本语法格式如下。

```
SHOW[FULL]COLUMNS FROM 数据表名[FROM 数据库名];
```

或

```
SHOW[FULL]COLUMNS FROM 数据库名.数据表名;
```

【例3-5】查看 test 数据库中 goods 表的表结构。

```
desc test.goods;
或
show columns from test.goods;
```

运行结果如图3-7所示。

Field	Type	Null	Key	Default	Extra
gno	char(6)	NO	PRI	NULL	
goodname	varchar(20)	YES		NULL	
price	float	NO		1000	
producer	varchar(20)	NO		NULL	

图 3-7　例 3-5 的运行结果

3.1.3　修改数据表

修改数据表指的是修改数据库中已经存在的数据表的表结构。常见的表结构修改操作有修改表名、修改字段数据类型或字段名、增加和删除字段、修改字段的排列位置、更改表的存储引擎、删除表的外键约束、修改表的注释等。

3.1.3.1　在 MySQL Workbench 中使用界面方式修改数据表

打开 Workbench，在 Schema 列表中找到需要修改结构的数据表，单击右边悬浮菜单中的🚫按钮，或右键单击数据表，在弹出菜单中选择 Alter Table…，即可打开数据表的修改对话框，如图 3-8 所示。修改表结构的界面操作方式与创建数据表的操作方式基本相同，不再赘述。

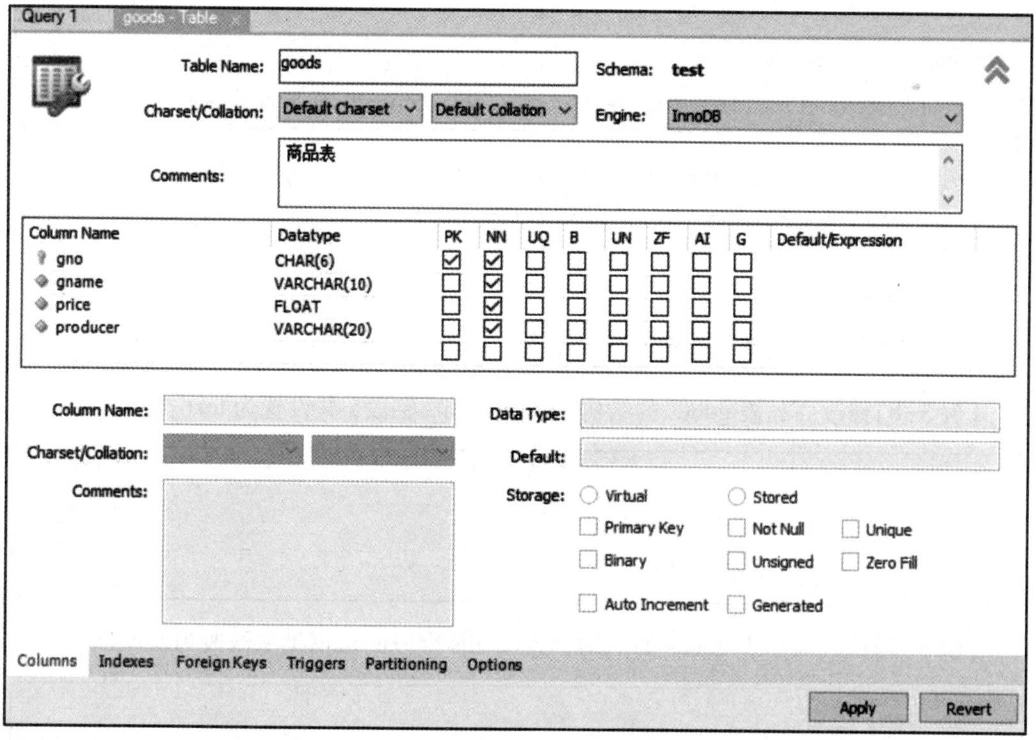

图 3-8　修改表结构对话框

3.1.3.2 在 MySQL Workbench 中使用 SQL 命令修改数据表

在 MySQL 中可以使用 ALTER TABLE 语句改变原有表的结构,语法格式如下。

```
ALTER TABLE<表名>[修改选项]
```

其中,修改选项的语法格式如下。

```
{ADD COLUMN<列名><类型>
|CHANGE COLUMN<旧列名><新列名><新列类型>
|ALTER COLUMN<列名>{SET DEFAULT<默认值>|DROP DEFAULT}
|MODIFY COLUMN<列名><类型>
|DROP COLUMN<列名>
|RENAME TO<新表名>
|CHARACTER SET<字符集名>
|COLLATE<校对规则名>}
```

【例 3-6】修改商品表 goods 的结构,将 gname 字段名称改为 goodname,同时将数据类型改为 varchar(20),增加注释商品名称。

```
use test;
alter table   goods
change column gname goodname varchar(20)comment' 商品名称';
```

【例 3-7】修改商品表 goods 的结构,设置 price 字段的默认值为 1000。

```
use test;
alter table   goods
alter column price set default 1000;
```

【例 3-8】修改商品表 goods 的结构,增加 details 字段,并设置为 text 类型。

```
use test;
alter table   goods
add column details text;
```

【例 3-9】修改商品表 goods 的结构,将 details 字段的数据类型修改为 tinytext。

```
use test;
alter table   goods
modify column details tinytext;
```

【例 3-10】修改商品表 goods 的结构，删除 details 字段。

```
use test；
alter table    goods
drop column details；
```

3.1.4 删除数据表

在 MySQL 数据库中，对于不再需要的数据表，可以将其从数据库中删除。

在删除表的同时，表的结构和表中所有的数据都会被删除，因此在删除数据表之前最好先备份，以免造成无法挽回的损失。

3.1.4.1 在 MySQL Workbench 中使用界面方式删除数据表

可以在 SCHEMAS 选项卡中，通过在数据表上单击右键弹出菜单删除数据表。在需要删除的数据表上单击右键，选择 Drop Table…命令，如图 3-9 所示。

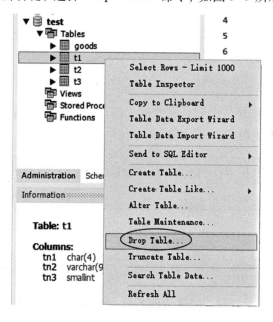

图 3-9 删除数据表

3.1.4.2 在 MySQL Workbench 中使用 SQL 命令删除数据表

使用 DROP TABLE 语句可以删除一个或多个数据表，语法格式如下。

DROP TABLE［IF EXISTS］表名 1［，表名 2，表名 3…］［RESTRICT｜CASCADE］

语法说明如下。

① 表名 1［，表名 2，表名 3…］：表示要被删除的数据表的名称。DROP TABLE 可以同时删除多个表，只要将表名依次写在后面，相互之间用逗号隔开即可。

② IF EXISTS：用于在删除数据表之前判断该表是否存在。如果不加 IF EXISTS，当数据表不存在时，MySQL 将提示错误，中断 SQL 语句的执行；加上 IF EXISTS 后，当数据表不存在时，SQL 语句可以顺利执行，但是会发出警告（warning）。

③ RESTRICT：表明该表的删除是有限制条件的，欲删除的基本表不能被其他表的约束所引用，不能有视图、触发器、存储过程或函数等；如果存在这些依赖该表的对象，则此表不能被删除。

④ CASCADE：表明该表的删除没有限制，在删除基本表的同时，相关的依赖对象，例如视图，都将被一起删除。

需要注意的是，用户必须拥有执行 DROP TABLE 命令的权限，否则数据表不会被删除；表被删除时，用户在该表上的权限不会自动删除。

【例 3-11】删除 test 数据库中的 t1 表。

```
use test;
drop table   t1;
```

3.1.5　复制数据表

3.1.5.1　复制表结构

在开发时，若需要创建一个与已有数据表结构相同的数据表，可以使用 create table …like 语句，其语法格式如下。

```
CREATE TABLE[IF NOT EXISTS]数据表名{LIKE 源数据表名|(LIKE 源数据表名)}
```

参数说明如下。

① [IF NOT EXISTS]：可选项，如果使用该子句，表示当要创建的数据表名不存在时，才会创建；如果不使用该子句，当要创建的数据表名存在时，将出现错误。

② 数据表名：表示新创建的数据表的名称，该数据表名必须是在当前数据库中不存在的表名。

③ {LIKE 源数据表名|(LIKE 源数据表名)}：必选项，用于指定依照哪个数据表来创建新表，也就是要为哪个数据表创建副本。

使用 create table…like 语句复制数据表时，将创建一个与源数据表相同结构的新表，该数据表的列名、数据类型和索引都将被复制，但是表的内容是不会被复制的。因此，新创建的表是一张空表。

【例 3-12】在数据库 test 中创建一个数据表 goods 的备份 goods_copy。

```
use test;

create table goods_copy like goods;
```

执行上述命令,成功创建 goods_copy 后,可以通过 DESC 命令查看 goods_copy 的表结构。

3.1.5.2 复制表结构和数据

在复制数据表结构时,如果想要同时复制表中的内容,可以使用 create table…as 语句,其语法格式如下。

CREATE TABLE[IF NOT EXISTS]数据表名[AS]SELECT * FROM 源数据表名

参数说明同 create table…like 语句。此外,[AS]为可选项,表示创建的新表如同后面的 SELECT 查询结果;SELECT * FROM 源数据表名表示查询源数据表的全部数据。

【例 3-13】在数据库 test 中创建数据表 goods 的备份 goods_copydata,同时复制 goods 表的结构和数据。

```
use test;

create table goods_copydata as select * from goods;
```

3.2 实验二:数据表操作

3.2.1 实验预习

① 写出 MySQL 中创建数据表的语句格式。

② 写出 MySQL 中修改数据表的语句格式。

3.2.2 实验目的

① 进一步熟悉 MySQL Workbench 工作台的操作方法。

② 理解数据表的概念,掌握通过界面方式和命令方式创建、修改、删除数据表的基本方法。

③ 初步了解数据完整性约束。

3.2.3 实验课时、环境及要求

实验课时:2 学时。

实验环境：Windows 操作系统，MySQL 8.0，MySQL Workbench 8.0，office 办公软件。

实验要求：

① 按照要求独立完成实验。

② 提交规范的实验报告。

3.2.4 实验内容

（1）准备实验环境：使用第 2 章中的实验技术创建学生选课数据库。

创建一个名为 stu_ms 的数据库。数据库的默认字符集为 gb2312，默认校对规则为 gb2312_chinese_ci。

（2）在数据库 stu_ms 中，利用界面方式建立如下两个数据表，同时完成数据完整性定义。

① 学生表 Student。

列名	说明	数据类型	数据完整性约束
SNO	学号	CHAR(7)	主码
SNAME	姓名	CHAR(10)	NOT NULL
SSEX	性别	ENUM('男', '女')	取"男"或"女"
SAGE	年龄	SMALLINT	
SDEPT	所在系	VARCHAR(20)	默认"计算机系"

② 教师表 Teacher。

列名	说明	类型	数据完整性约束
TNO	教师编号	Char(5)	主码
TNAME	教师姓名	Nvarchar(20)	NOT NULL
TPTITLE	职称	Nchar(5)	
TDEPT	所在部门	Nvarchar(20)	

（3）在数据库 stu_ms 中，利用命令方式建立如下三个数据表。

① 课程表 Course。

列名	说明	数据类型	数据完整性约束
CNO	课程号	CHAR(3)	主码
CNAME	课程名	VARCHAR(20)	NOT NULL
CCREDIT	学分	SMALLINT	大于 0
SEMSTER	学期	SMALLINT	大于 0
PERIODS	学时	SMALLINT	大于 0
TNO	教师编号	CHAR(5)	外码

② 选课表 Sc。

列名	说明	数据类型	数据完整性约束
SNO	学号	CHAR(7)	主码,引用 Student 的外码
CNO	课程号	CHAR(3)	主码,引用 Course 的外码
GRADE	成绩	SMALLINT	大于等于 0

③ 学院表 Depm。

列名	说明	数据类型	数据完整性约束
DNO	学院编号	CHAR(3)	主码
DNAME	学院名称	VARCHAR(30)	
DTEL	联系方式	VARCHAR(15)	

(4)修改数据表。

① 用界面方式修改课程表 Course 的 CNAME 属性列的类型为 VARCHAR(30)。

② 用命令方式修改课程表 Course 的 CCREDIT 属性列的数据类型为 float。

③ 使用 ALTER TABLE 语句为学生表 Student 增加一个平均成绩字段,类型为短整型,默认值是空值。

④ 使用 ALTER TABLE 语句删除学生表 Student 中的平均成绩字段。

⑤ 试用命令方式将课程表 Course 的 PERIODS 列的列名修改为 PERIOD,其值必须大于 0。能否修改?为什么?请说明原因及解决思路。

⑥ 使用 DROP TABLE 命令删除学院表 Depm。

(5)备份数据库 stu_ms。

3.2.5　实验注意事项

建立基本表需要具有 CREATE 权限。修改基本表结构需要具有 ALTER 权限。

3.2.6　实验思考

① SQL 所支持的关系数据库的三级模式结构是什么?基本表对应什么模式?

② 在进行数据表建立和修改操作时,需要实现哪些完整性约束?请结合实验过程进行描述。

习题二

一、选择题

1. SQL 语言是_____的语言,易学习。

A. 过程化　　　　　B. 非过程化　　　　C. 格式化　　　　　D. 导航式

2. SQL 语言是_____语言。

A. 层次数据库　　　B. 网络数据库　　　C. 关系数据库　　　D. 非数据库

3. SQL 语言具有_____的功能。

A. 关系规范化、数据操纵、数据控制　　　B. 数据定义、数据操纵、数据控制

C. 数据定义、关系规范化、数据控制　　　D. 数据定义、关系规范化、数据操纵

4. SQL 语言具有两种使用方式，分别称为交互式 SQL 和_____。

A. 提示式 SQL　　　B. 多用户 SQL　　　C. 嵌入式 SQL　　　D. 解释式 SQL

5. SQL 语言中，CREATE，DROP，ALTER 语句是实现_____功能。

A. 数据查询　　　　B. 数据操纵　　　　C. 数据定义　　　　D. 数据控制

6. 下列 SQL 语句中，_____不是数据定义语句。

A. CREATE TABLE　　　　　　　　　　　B. DROP VIEW

C. CREATE VIEW　　　　　　　　　　　　D. GRANT

7. 若要撤销数据库中已经存在的表 S，可用_____。

A. DELETE TABLE S　　　　　　　　　　B. DELETE S

C. DROP TABLE S　　　　　　　　　　　D. DROP S

8. 若要在基本表 S 中增加一列 CN（课程名），可用_____。

A. ADD TABLE S（CN CHAR(8)）

B. ADD TABLE S ALTER（CN CHAR(8)）

C. ALTER TABLE S ADD CN CHAR(8)

D. ALTER TABLE S（ADD CN CHAR(8)）

9. 学生关系模式 S（S#，Sname，Sex，Age），S 的属性分别表示学生的学号、姓名、性别、年龄。要在表 S 中删除属性年龄，可选用的 SQL 语句是_____。

A. DELETE Age from S　　　　　　　　　B. ALTER TABLE S DROP Age

C. UPDATE S Age　　　　　　　　　　　 D. ALTER TABLE S 'Age'

10. 下列选项中，_____语句可查看数据表的创建时间。

A. SHOW TABLES　　　　　　　　　　　B. DESC 数据表名

C. SHOW TABLE STATUS　　　　　　　　D. SHOW CREATE TABLE 数据表名

11. 若数据库中存在以下数据表，语句 SHOW TABLES LIKE ' sh _ ' 的结果为_____。

A. fish　　　　　　B. mydb　　　　　　C. she　　　　　　D. unshift

12. 为学院表增加一个教师人数的字段，SQL 语句是_____。

A. change table 学院 add 教师人数　　　B. alter stru 学院 add 教师人数

C. alter table 学院 add 教师人数　　　　D. change table 学院 insert 教师人数

13. 在 MySQL 中，创建一个表，使用_____语句。

A. CREATE　　　　B. DROP　　　　C. INSERT　　　　D. ALERT

14. 在 MySQL 中，如果完整性约束条件涉及该表的多个属性列，则_____。

A. 必须定义在列级

B. 必须定义在表级

C. 既可以定义在列级，也可以定义在表级

D. 不可能实现

15. 在 MySQL 中，按以下要求创建学员表，正确的 SQL 语句是_____。

学员表（stuTable）的要求：学号为 5 位数字，自动编号；姓名最多为 4 个汉字，身份证号码最多为 18 位数字。

A. CREATE TABLE stuTable(
　 ID NUMERIC(6, 0) NOT NULL,
　 Name VARCHAR(4),
　 Card INT
　)

B. CREATE TABLE stuTable(
　 ID INT IDENTITY(10000, 1),
　 Name VARCHAR(4),
　 Card DECIMAL(18, 0)
　)

C. CREATE TABLE stuTable(
　 ID NUMERIC(4, 0) NOT NULL,

　 Name VARCHAR(4),
　 Card INT
　)

D. CREATE TABLE STUTABLE(
　 ID INT PRIMARY KEY
　 AUTO_INCREMENT,
　 SNAME VARCHAR(4),
　 CARD DECIMAL(18, 0)
　) AUTO_INCREMENT = 10000

16. 下列选项中，用于存储整数数值的是_____。

A. FLOAT　　　　B. DOUBLE　　　　C. MEDIUMINT　　　D. VARCHAR

17. 下列选项中，适合存储文章内容或评论的数据类型是_____。

A. CHAR　　　　B. VARCHAR　　　　C. TEXT　　　　D. VARBINARY

18. 下面关于 DECIMAL(6, 2)说法中，正确的是_____。

A. 它不可以存储小数

B. 6 表示数据的长度，2 表示小数点后的长度

C. 6 表示最多的整数位数，2 表示小数点后的长度

D. 最多允许存储 8 位数字

19. 下列_____类型不是 MySQL 中常用的数据类型。

A. INT　　　　B. VAR　　　　C. CHAR　　　　D. TIME

20. 关于 DATETIME 与 TIMESTAMP 两种数据类型的描述，错误的是_____。

A. 两者值的范围不一样

B. 两者值的范围一样

C. 两者占用空间不一样

D. TIMESTAMP 可以自动记录当前日期和时间

二、填空题

1. SQL 的中文全称是_____。

2. SQL 语言除了具有数据查询和数据操纵功能之外，还具有_____和_____功能，它是一个综合性的功能强大的语言。

3. 在 SQL 语言的结构中，_____有对应的物理存储，而_____没有对应的物理存储。

4. 关系数据操作语言（DML）的特点是操作对象与结果均为关系、操作的_____、语言一体化并且建立在数学理论基础之上。

5. 添加_____可在创建的数据库已存在时防止程序报错。

6. 在 MySQL 中，用 Float 和_____来表示近似数值型。

7. 在 SQL 中，建立、修改和删除数据库中基本表结构的命令分别为_____、_____和_____命令。

8. SQL 操作命令 CREATE，ALTER，DROP 主要完成的是数据的_____功能。

9. 删除基本表时，若想实现级联删除，必须加_____关键字。

10. 创建基本表时，若规定某字段为最大长度为 N 的变长字符串，则其数据类型必然是_____。

11. MySQL 提供的_____语句可以查看指定数据库的创建信息。

12. _____和_____可以在 MySQL 中添加注释内容，且会在服务器运行时被忽略。

13. 语句_____可以同时修改多个数据表名。

14. MySQL 数据类型中存储整数数值并且占用字节数最小的是_____。

15. 设置数据表的字段值自动增加使用_____属性。

16. 使用 INT 类型保存数字 1 占用的字节数为_____。

三、判断题

1. MySQL 支持两种小数类型，其中浮点数的小数点位置不确定。（　　　）

2. 自增型字段的数据类型可以是任意的。（　　　）

3. datetime 和 timestamp 都是日期和时间的混合类型，它们之间没有区别。（　　　）

4. 使用 alter table 命令可以修改表结构，包括修改字段相关信息、修改约束条件、修改存储引擎等，但不可以修改表名。（　　　）

5. 创建数据表时，如果省略 engine 选项，则表示该表使用 MySQL 默认的数据引擎。

（　　　）

6. 存储小数时，采用浮点数类型可以使数据计算更精确，还可以节省存储空间。

（　　　）

7. 在表中添加新字段时，可以指定新字段在表中的位置。First 表示在表开头添加新字段。（　　　）

8. ENUM 类型的数据只能从枚举列表中取，并且只能取一个。（　　　）

9. 仅修改数据表中的字段名称时，通常使用 ALTER TABLE...MODIFY 实现。

（　　　）

10. 临时表仅在当前会话可见，会话关闭时会自动删除。（　　　）

四、简答题

1. 试述 SQL 语言的特点。

2. 试述 SQL 的定义功能。

3. 什么是基本表？什么是视图？两者的区别和联系是什么？

4. 说明在 DROP TABLE 时，RESTRICT 和 CASCADE 的区别。

5. 请简述 ENUM 与 SET 数据类型的区别。

6. 请简述 CHAR，VARCHAR 和 TEXT 数据类型的区别。

五、综合应用题

1. 设计一个 SPJ 数据库，包括 S，P，J 及 SP 四个关系模式。

S(SNO, SNAME, STATUS, CITY)。

P(PNO, PNAME, COLOR, WEIGHT)。

J(JNO, JNAME, CITY)。

SPJ(SNO, PNO, JNO, QTY)。

供应商表 S 由供应商代码(SNO)、供应商姓名(SNAME)、供应商状态(STATUS)、供应商所在城市(CITY)组成。

零件表 P 由零件代码(PNO)、零件名(PNAME)、颜色(COLOR)、重量(WEIGHT)组成。

工程项目表 J 由工程项目代码(JNO)、工程项目名(JNAME)、工程项目所在城市(CITY)组成。

供应情况表 SPJ 由供应商代码(SNO)、零件代码(PNO)、工程项目代码(JNO)、供应数量(QTY)组成，其中表示某供应商供应某种零件给某工程项目的数量为 QTY。

试用 SQL 语句建立这 4 个关系模式。

2. 请设计一张学生表，选择合理的数据类型保存学号、姓名、性别、出生日期、入学日期、家庭住址信息。

第4章 表数据更新

4.1 关键知识点

数据表是数据库的重要对象，是存储数据的基本单元。表结构创建完成后便涉及向表中插入新的数据，以及对已有数据进行修改与删除，这就是数据更新。数据更新包括数据的插入、修改、删除三类操作。

4.1.1 在 MySQL Workbench 中使用界面方式更新数据

打开 MySQL Workbench 软件，在 SCHEMAS 列表中单击基本表右侧的悬浮工具按钮，或在基本表上单击右键，在弹出菜单中选择 Select Rows-Limit 1000（如图 4-1 所示），即打开表数据管理对话框，如图 4-2 所示。

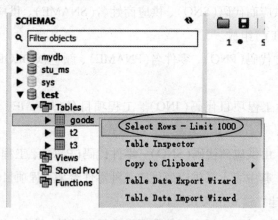

图 4-1　插入数据

在表数据编辑区中，单击插入新的行，按设计要求输入数据，单击"Apply"按钮，即可插入数据并保存；单击可编辑当前表格的第一行；单击表格数据，可以直接修改表格；单击可以删除当前鼠标所在的行。

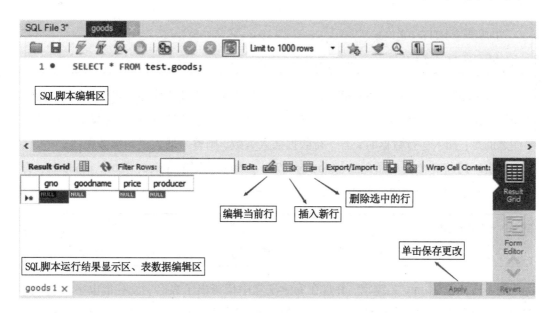

图 4-2 表数据管理对话框

4.1.2 在 MySQL Workbench 中使用命令方式插入数据

数据库与表创建成功以后，需要向数据库的表中插入数据。在 MySQL 中可以使用 INSERT 语句向数据库已有的表中插入一行或者多行元组数据。

INSERT 语句有三种语法形式，分别是 INSERT…VALUES 语句、INSERT…SET 语句和 INSERT…SELECT 语句。

4.1.2.1 INSERT…VALUES 语句

INSERT…VALUES 语句是 INSERT 语句最常用的语法格式，可以实现为所有字段添加数据、为部分字段添加数据及一次性添加多行数据，其语法格式如下。

> INSERT[INTO]<表名>[<字段名 1>[，…<字段名 n>]]
> VALUES(值 1)[…，(值 n)];

语法说明如下。

① <表名>：指定被操作的表名。

② <字段名>：指定需要插入数据的字段名。若向表中的所有字段插入数据，则全部的字段名均可以省略，直接采用 INSERT<表名>VALUES(…)即可。

③ VALUES 或 VALUE 子句：该子句包含要插入的数据清单。数据清单中数据的顺序要和字段的顺序相对应。

4.1.2.2 INSERT…SET 语句

INSERT…SET 语句用于通过直接给表中的某些字段指定对应的值来实现插入指定数，对应未指定的字段将采用默认值进行添加，其语法格式如下。

> INSERT INTO<表名>
> SET 字段名 1=值 1[，…，字段名 n=值 n]；

在 MySQL 中，用单条 INSERT 语句处理多个插入要比使用多条 INSERT 语句更快。当使用单条 INSERT 语句插入多行数据时，只需要将每行数据用圆括号括起来即可。需要注意的是：插入多行数据时，若一行数据插入失败，则整个插入语句都会失败。

【例 4-1】将一个新商品元组（gno：bx-179，gname：冰箱，price：3200，producer：青岛海尔）插入 test 数据库的 goods 表中。

> insert goods
> values('bx-179'，'冰箱'，3200，'青岛海尔')

例 4-1 中省略 into 关键字，并且在 into 子句中仅指出了表名，没有指出字段名，这表示新元组要在表的所有属性列上都指定值，属性列的次序要与 CREATE TABLE 中的次序相同。

【例 4-2】将一个新商品元组（gno：ds-001，price：1580，producer：四川长虹）插入 test 数据库的 goods 表中。

> insert into goods(gno, price, producer)
> values('ds-001'，1580，'四川长虹')

或：

> insert into goods
> set   gno='ds-001'，
>   price=1580，
>   producer='四川长虹'

例 4-2 中给出的属性值不完整，在使用 INSERT…VALUES 语句插入数据时，必须在表名后指出要在哪些属性列上赋值，属性的顺序可以跟 CREATE TABLE 中的顺序不一样。

【例 4-3】将多个新商品元组插入 test 数据库的 goods 表中。要插入的元组信息如下。

gno	gname	price	producer
bx-340	冰箱	2568	北京雪花
kt-060	空调	3560	青岛海尔
xyj-30	洗衣机	858	南京熊猫

插入多行元组信息可以使用单条 INSERT…VALUES 语句，输入的 SQL 语句如下。

```
insert into goods(gno, gname, price, producer)
values('bx-340', '冰箱', 2568, '北京雪花'),
            ('kt-060', '空调', 3560, '青岛海尔'),
            ('xyj-30', '洗衣机', 858, '南京熊猫')
```

SQL 语句执行成功后, 可单击基本表对应的悬浮按钮 ▦📝 查看表中的数据。

4.1.2.3 INSERT…SELECT 语句

INSERT…SELECT 语句用于将源数据表的查询结果插入目标数据表, 其语法格式如下。

```
INSERT INTO<目标数据表名>[(字段列表)]
SELECT[(字段列表)]  FROM 源数据表
```

注意: 该语句中的目标数据表必须是一个已经存在的表, 否则将提示数据库不存在错误。

4.1.3 在 MySQL Workbench 中使用命令方式修改数据

在 MySQL Workbench 中使用命令方式修改数据是修改数据时数据库中常见的操作, 通常用于对表中的部分记录进行修改。在 MySQL 中, 可以使用 UPDATE 语句来修改、更新一个或多个表的数据, 其语法格式如下。

```
UPDATE<表名>
SET 字段 1=值 1[, 字段 2=值 2…]
[WHERE 子句]
[ORDER BY 子句][LIMIT 子句]
```

语法说明如下。

① <表名>: 用于指定要更新的表名称。

② SET 子句: 用于指定表中要修改的列名及其列值。其中, 每个指定的列值可以是表达式, 也可以是该列对应的默认值。如果指定的是默认值, 可用关键字 DEFAULT 表示列值。注意: 修改一行数据的多个列值时, SET 子句的每个值用逗号分开即可。

③ WHERE 子句: 可选项。用于限定表中要修改的行。若不指定, 则修改表中所有的行。

④ ORDER BY 子句: 可选项。用于限定表中的行被修改的次序。

⑤ LIMIT 子句: 可选项。用于限定被修改的行数。

【例 4-4】在 goods 表中, 更新 gno 值为 bx-340 的商品记录, 将其价格(price)改为

2000, 生产厂商(producer)改为"青岛海尔"。

```
update goods
set price = 2000, producer = '青岛海尔'
where gno = 'bx-340'
```

【例 4-5】在 goods 表中, 将所有商品按 gno 值升序排序, 将前 2 个商品的生产厂商 (producer)改为"北京雪花"。

```
update goods
set producer = '北京雪花'
order by gno asc
limit 2
```

order by 子句中, asc 表示按 gno 值升序排序, asc 可省; 若表示降序排序, 则用 desc。

4.1.4 在 MySQL Workbench 中使用命令方式删除数据

删除数据是指对表中存在的记录进行删除。在 MySQL 中, 可以使用 DELETE 语句来删除表中一行或者多行数据, 其语法格式如下。

```
DELETE FROM<表名>
[WHERE 子句]
[ORDER BY 子句][LIMIT 子句]
```

语法说明如下。

① <表名>: 指定要删除数据的表名。

② WHERE 子句: 可选项。表示为删除操作限定删除条件, 若省略该子句, 则代表删除该表中的所有行。

③ ORDER BY 子句: 可选项。表示删除时, 表中各行将按照子句中指定的顺序进行删除。

④ LIMIT 子句: 可选项。用于告知服务器在控制命令返回客户端前被删除行的最大值。

【例 4-6】删除 goods 表中 gno 值为 bx-340 的商品记录。

```
delete from goods
where gno = 'bx-340'
```

【例 4-7】删除 goods 表中所有的商品记录。

> delete from goods

在 DELETE 语句中，若不使用 WHERE 条件，将删除所有数据。

📖**多学一招：清空表中所有数据**

除 DELETE 语句外，MySQL 还可以通过 TRUNCATE 关键字清空表中所有数据，其语法格式为

> TRUNCATE[TABLE]表名

其中，TABLE 关键字可省略。

例 4-7 中，删除 goods 表中所有的商品记录也可以用如下语句实现

> truncate table goods

4.1.5　批量导出基本表数据

4.1.5.1　使用界面方式在 MySQL Workbench 导出表数据

在 SCHEMAS 列表中右键单击基本表，如 goods 表，在弹出菜单中单击 "Table Data Export Wizard"（如图 4-3 所示），打开表数据导出向导对话框，如图 4-4 所示。

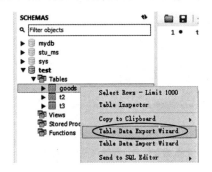

图 4-3　基本表数据导出/导入菜单命令

在图 4-4 所示界面中选择要导出数据的基本表，然后选择要导出的字段值，单击 "Next" 按钮进行下一步设置，如图 4-5 所示。

图 4-5 中，导出的数据类型有两种，其中 csv 是逗号分隔值文件格式，可以用记事本或 excel 打开；json 是一种轻量级的数据交换格式，采用完全独立于编程语言的文本格式存储和表示数据，可用记事本打开。导出的数据文件为 csv 格式时，需要设置数据分隔符，包括字段分隔符、行分隔符和字符串表示方式，此时导出文件后缀为.csv；导出的数据文件为 json 格式时，仅需将导出文件后缀更改为.json。

导出格式设置完成后，单击 Next 直到数据导出完成。

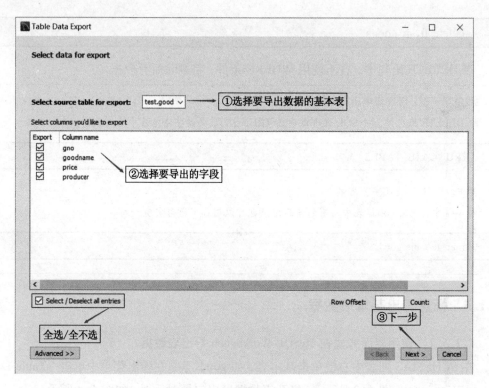

图 4-4　表数据导出向导(一)

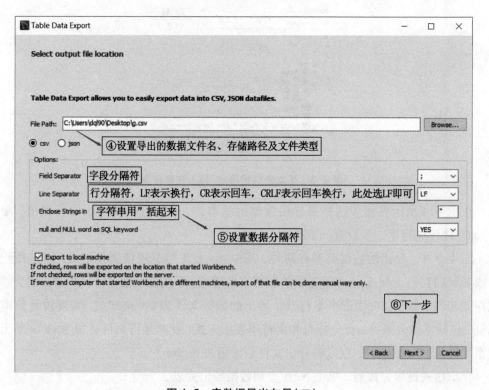

图 4-5　表数据导出向导(二)

4.1.5.2 使用 SQL 命令导出基本表数据

MySQL 提供多种方式导出表数据,以下介绍三种。

(1)用 SELECT…INTO OUTFILE 导出表数据。

SELECT…INTO OUTFILE 可以将表的内容导出成一个文本文件。该语句可以在
MySQL Workbench 中执行,其语法格式如下。

> SELECT 列名 FROM table[WHERE 语句]
> INTO OUTFILE' 目标文件'[OPTIONS]

该语句用 SELECT 查询所需要的数据,用 INTO OUTFILE 导出数据。其中,目标文
件用来指定将查询的记录导出到哪个文件。需要注意的是,目标文件不能是一个已经存
在的文件。

[OPTIONS]为可选参数选项,OPTIONS 部分的语法包括 FIELDS 和 LINES 子句,
其常用的取值有:

① FIELDS TERMINATED BY' 字符串' : 设置字符串为字段之间的分隔符,可以为
单个或多个字符,默认情况下为制表符' \t' 。

② FIELDS[OPTIONALLY]ENCLOSED BY ' 字符' : 设置字符用来括上 CHAR,
VARCHAR 和 TEXT 等字符型字段。如果使用了 OPTIONALLY 则只能用来括上 CHAR
和 VARCHAR 等字符型字段。

③ FIELDS ESCAPED BY' 字符' : 设置如何写入或读取特殊字符,只能为单个字符,
即设置转义字符,默认值为' \' 。

④ LINES STARTING BY' 字符串' : 设置每行开头的字符,可以为单个或多个字符,
默认情况下不使用任何字符。

⑤ LINES TERMINATED BY' 字符串' : 设置每行结尾的字符,可以为单个或多个字
符,默认值为' \n' 。

注意: FIELDS 和 LINES 两个子句都是自选的,但是如果两个都被指定了,FIELDS
必须位于 LINES 的前面。

【例 4-8】用 SELECT…INTO OUTFILE 语句导出 test 数据库下 goods 表的记录。其
中,字段之间用"、"隔开,字符型数据用双引号括起来,每条记录以">"开头。

```
select * from goods
into outfile'd:\\goods1.txt'              /*第一个\为转义字符*/
fields terminated by'、' optionally enclosed by'\"'
lines starting by'>'
```

执行上述命令,可在 D:\下看到一个名为 goods.txt 的文本文件。也可以将文件保
存为 csv 或 json 格式,但必须用记事本打开,否则汉字将以乱码显示。其中,goods1.txt

中的内容如图 4-6 所示。

图 4-6 用 SELECT…INTO OUTFILE 语句导出表数据

📖 **多学一招：导出表数据时出现 the--secure-file-priv option 错误的解决办法**

使用 SELECT…INTO OUTFILE 语句导出表数据时，可能会出现如下错误："Error Code：1290. The MySQL server is running with the--secure-file-priv option so it cannot execute this statement"。主要原因是 MySQL 的文件导入和导出路径有默认的设置，即 secure-file-priv，当传入的文件路径与默认的路径冲突时就会报错。secure-file-priv 的值通常有三种，其含义分别如下。

① null：限制 mysqld，不允许导入导出。

② /path/：限制 mysqld 的导入导出只能发生在默认的/path/目录下。

③ ""：不对 mysqld 的导入导出做限制。

可在命令提示符下通过语句"show variables like'%secure%'；"查看 secure-file-priv 当前的值。出现 the--secure-file-priv option 错误通常是因为 secure-file-priv 当前的值为 NULL，如图 4-7 所示。

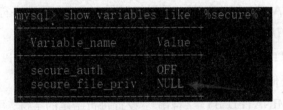

图 4-7 查看 secure-file-priv 的值

解决办法：找到 MySQL 的安装目录，找到 my.ini 配置文件，用记事本打开，找到 secure-file-priv 的设置语句，将其改为：secure-file-priv=""。若文件中没有 secure 关键字，则在文件末尾加上该条语句。保存修改并关闭 my.ini 文件，打开 Windows 服务，重启 MySQL。在命令提示符中通过语句"show variables like'%secure%'；"检验 secure-file-priv 是否已由 NULL 变为空，是则可正常进行数据导入和导出操作。

（2）用 mysqldump 命令导出表数据。

mysqldump 命令不仅可以备份数据库中的数据，还可以导出文本文件。使用 mysqldump 导出数据需要使用--tab 选项来指定导出文件的目录，该目标必须是可写的。其基本语法格式如下。

mysqldump-uroot-pPassword-T 目标目录 dbname table[options]；

其中，Password 参数表示 root 用户的密码，密码紧挨着-p 选项，或者可在命令中省略，执行命令时再输入；目标目录参数指导出的文本文件的路径；dbname 参数表示数据库的名称；table 参数表示基本表名称；option 表示附件选项，其值可以是下面几个值中的任何一个。

① --fields-terminated-by＝字符串：用于设置字段的分隔符，默认值是' \t'。

② --fields-enclosed-by＝字符：用于设置括上字段值的字符符号，默认情况下不使用任何符号。

③ --fields-optionally-enclosed-by＝字符：用于设置括上 CHAR，VARCHAR 和 TEXT 等字符型字段值的字符符号，默认情况下不使用任何符号。

④ --fields-escaped-by＝字符：用于设置转义字符。

⑤ --lines-terminated-by＝字符：用于设置每行的结束符。

【例 4-9】用 mysqldump 语句导出 test 数据库下的 goods 表的记录，其中，字段之间用"；"隔开，字符型数据用双引号括起来。

>mysqldump-uroot-p-T D：\ test goods--fields-terminated-by ＝；--fields-optionally-enclosed-by ＝ \″

Enter password：＊＊＊＊

注意：［options］中设置的各类分隔符不能是中文符号，否则表中的中文字符将以乱码显示。

上述命令执行完后，可以在 D：\下看到一个名为 goods.txt 的文本文件和一个名为 goods.sql 的数据库文件。其中，goods.txt 中的内容如图 4-8 所示。事实上，mysqldump 命令也是调用 SELECT…INTO OUTFILE 语句来导出文本文件的。

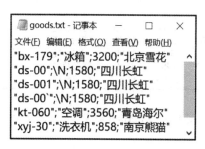

图 4-8　用 mysqldump 命令导出文本文件

mysqldump 命令还可以导出 XML 格式的文件，其基本语法格式如下。

mysqldump-uroot-pPassword--xml|-X dbname table>目标文件；

其中，使用--xml 和-T 选项都可以导出 XML 格式的文件；目标文件表示导出的XML 文件的存储路径及文件名。

【**例 4-10**】用 mysqldump 命令将数据表 goods 中的内容导入 XML 文件中。

```
>mysqldump-uroot-p test goods-X>D：\goods.xml
Enter password：* * * *
```

生成的 XML 文件可以用记事本打开查看。

(3)用 mysql 命令导出表数据。

mysql 命令可以用来登录 MySQL 服务器、还原备份文件，同时也可以用于导出文本文件。其语法格式如下。

```
mysql-uroot-pPassword-e "SELECT 语句" dbname>目标文件;
```

其中，-e 选项表示执行 SQL 语句；"SELECT 语句" 用来查询记录；目标文件表示导出文件的路径及文件名。

【**例 4-11**】用 mysql 命令将数据表 goods 中的内容导入文本文件中。

```
>mysql-uroot-p-e "select * from goods" test>d：\goods.txt
Enter password：* * * *
```

其中，"select * from goods" 表示查询 goods 表中的全部记录；目标文件可以是 txt 文件，也可以是 csv 文件、json 文件。命令的执行结果如图 4-9 所示。

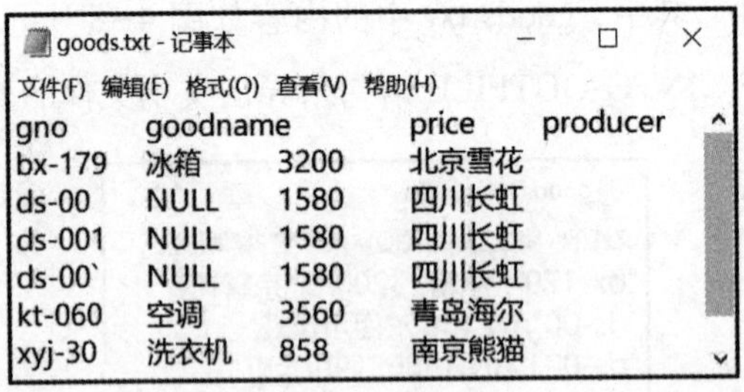
goods.txt - 记事本
文件(F) 编辑(E) 格式(O) 查看(V) 帮助(H)

gno	goodname	price	producer
bx-179	冰箱	3200	北京雪花
ds-00	NULL	1580	四川长虹
ds-001	NULL	1580	四川长虹
ds-00`	NULL	1580	四川长虹
kt-060	空调	3560	青岛海尔
xyj-30	洗衣机	858	南京熊猫

图 4-9　用 mysql 命令导出文本文件

4.1.6　批量导入表数据

4.1.6.1　使用界面方式在 MySQL Workbench 导入表数据

在 SCHEMAS 列表中右键单击基本表，如 goods 表，在弹出菜单中单击“Table Data Import Wizard”(如图 4-3 所示)，打开表数据导入向导，如图 4-10 所示。

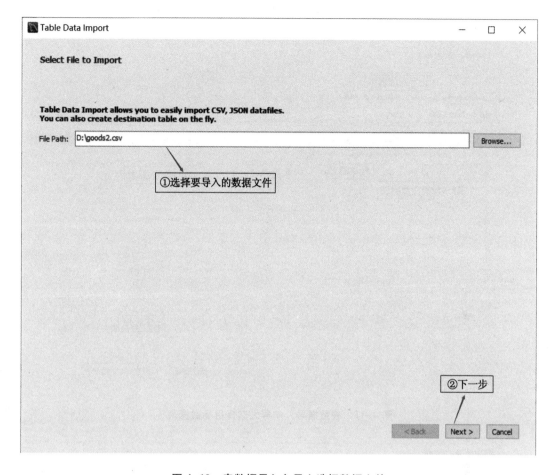

图 4-10　表数据导入向导之选择数据文件

在图 4-10 中 File Path 处，单击"Browse…"按钮选择要导入的数据文件。MySQL支持导入的数据文件格式有两种：CSV 和 JSON。此处选择 CSV 格式。单击"Next"进行下一步设置，如图 4-11 所示。此处选择 Use existing table，单击"Next"进行配置导入设置，如图 4-12 所示。

在图 4-12 中，Encoding（编码）设置为 utf-8；在 columns 处，将数据源文件中的列与目标数据表中的列一一对应，在对话框下方列表框中预览数据导入结果，若无误，单击"Next"按钮直至导入结束。若即将导入的记录的主码中有与目标数据表中的记录的主码一样的，则该行记录不导入。

数据导入完成后，可单击悬浮工具按钮 查看数据表数据。

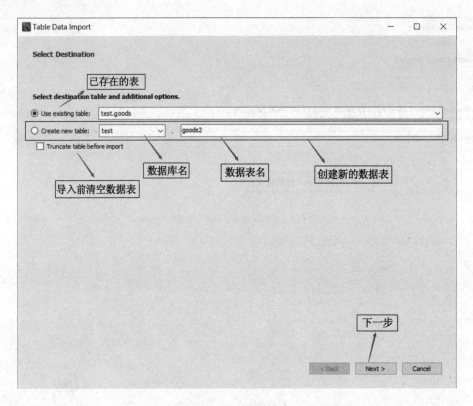

图 4-11 表数据导入向导之选择目标数据表

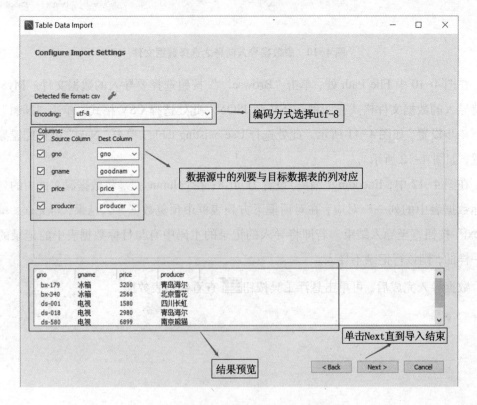

图 4-12 表数据导入向导之配置导入设置

📖多学一招：如何导入 Excel 表格数据

首先，将 Excel 表格数据转为 .csv 格式文件。双击打开 Excel 表格文件，在"文件"菜单中单击选择"另存为…"命令，在另存为对话框中，将文件的保存类型选择为"CSV（逗号分隔）（＊.csv）"，单击保存。

然后，用记事本打开刚保存的 CSV 文件，在文件菜单中单击"另存为…"命令，打开"另存为"对话框，将文件的编码方式设为 utf-8，如图 4-13 所示。

图 4-13　将 CSV 文件的编码方式更改为 utf-8

最后，按上述界面方式导入表数据的步骤导入表格数据。

在使用数据导入向导导入表格数据过程中，在配置导入设置时可能出现如图 4-14 所示错误。

解决办法：重复导入 Excel 表格数据的第二步，用记事本打开 CSV 文件，在"另存为"对话框中将文件编码方式改为 ANSI，保存即可。

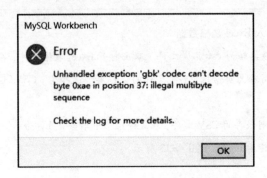

图 4-14 数据导入过程中可能出现的数据编码错误

4.1.6.2 使用 SQL 命令导入表数据

MySQL 提供多种方式导入基本表数据，这里介绍两种。

（1）用 LOAD DATA INFILE 命令将文本数据导入数据表。

在 MySQL 中，可以通过命令 LOAD DATA INFILE 实现将指定格式的文本文件导入到数据表中。该命令可以在 MySQL Workbench 中使用，其语法格式如下。

> LOAD DATA[LOW_PRIORITY | CONCURRENT][LOCAL] INFILE' file_name'
> [REPLACE | IGNORE]
> INTO TABLE table_name[options]

语法格式的说明如下。

① LOW_PRIORITY：低优先级，如果指定了 LOW_PRIORITY，则 LOAD DATA 语句会被延迟，直到没有其他的客户端正在读取表。

② CONCURRENT：并存，如果指定了 CONCURRENT，则 LOAD DATA 语句正在执行时，其他线程可以同时使用该表的数据。

③ LOCAL：如果指定了 LOCAL，则文件会被客户主机上的客户端读取，并被发送到服务器。文件会被给予一个完整的路径名称，以指定其确切的位置。如果给定的是一个相对路径名称，则文件名是相对于客户端启动时所在的目录。如果没有指定 LOCAL，则文件必须位于服务器主机上，并且被服务器直接读取。使用 LOCAL 的速度会略慢些。

④ file_name：用来指定要导入的文本文件的路径和名称。可以使用绝对路径（如 D：\goods.txt），也可以不指定路径直接写上文件名，此时服务器将在默认数据库目录中查找并读取。

⑤ REPLACE 和 IGNORE：这两个关键字用于处理那些与已存在的主键值重复的输入记录。如果指定了 REPLACE，输入行将会代替已存在的行。如果指定了 IGNORE，与已存在行主键值重复的输入行将被跳过。如果不指定二者中的任一个，则操作行为将依

赖是否指定了 LOCAL 关键字。如果没有指定 LOCAL，则发现有重复的键值，将产生一个错误，并忽略文本文件的其余部分。如果指定了 LOCAL，则缺省的操作行为将与指定了的 IGNORE 相同。

⑥ table_name：用来指定需要导入数据的表名，该表在数据库中必须存在，表结构必须与导入文件的数据一致。

⑦ options：用于设置相应的选项，与 SELECT…INTO OUTFILE 语句中的 options 选项设置相同。

【例 4-12】用 LOAD DATA INFILE 命令，将 D 盘根目录下的 goods.txt 文件中的数据导入数据库 test 中的 goods 表。goods.txt 中的内容如图 4-9 所示。

```
load datainfile'd：\\goods.txt'          \*第一个\为转义字符*\
into table goods
ignore 1 lines                            \*忽略表头，只导入数值*\
```

【例 4-13】用 LOAD DATA INFILE 命令，将 D 盘根目录下的 gg.csv 文件中的数据导入数据库 test 中的 goods 表（替换主键值重复的记录）。gg.csv 中的内容如图 4-15 所示。

```
load datainfile'D：\\gg.csv'
replace                                   \*替换表中主键值相同的记录*\
into table goods
fields terminated by'；' optionally enclosed by'\"'   \*设置字段分隔符和字符
                                                       表示符号*\
lines terminated by'\r\n'                 \*设置行分隔符*\
ignore 1 lines
```

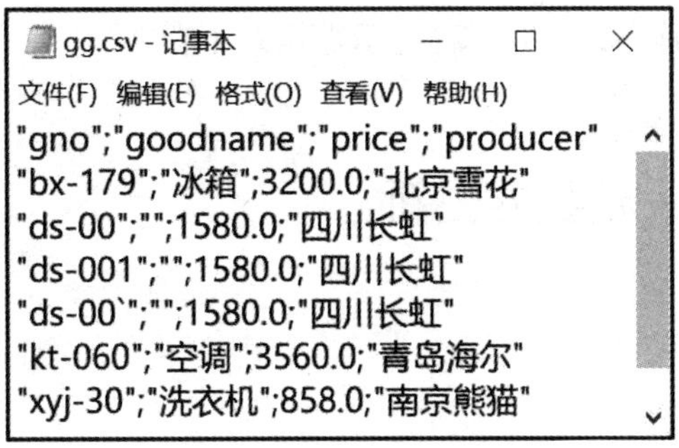

```
gg.csv - 记事本                    —    □    ×
文件(F) 编辑(E) 格式(O) 查看(V) 帮助(H)
"gno";"goodname";"price";"producer"
"bx-179";"冰箱";3200.0;"北京雪花
"ds-00";"";1580.0;"四川长虹
"ds-001";"";1580.0;"四川长虹
"ds-00`";"";1580.0;"四川长虹
"kt-060";"空调";3560.0;"青岛海尔
"xyj-30";"洗衣机";858.0;"南京熊猫
```

图 4-15　gg.csv 中的内容

（2）用 mysqlimport 命令将文本数据导入数据表。

在 MySQL 中，如果只是恢复数据表中的数据，可以在命令提示符窗口中使用 mysqlimport 命令来实现。通过 mysqlimport 命令可以实现将指定格式的文本文件导入数据表中。实际上，这个命令提供了 LOAD DATA INFILE 语句的一个命令行接口，它发送一个 LOAD DATA INFILE 命令到服务器运行，它的大多数选项直接对应 LOAD DA-TA INFILE 命令。mysqlimport 命令的语法格式如下。

> mysqlimport[-no-defaults]-u root-pPassword dbname file_name[options]

其中，--no-defaults 表示指定不要从任何选项文件中读取默认选项；dbname 表示要导入数据的数据库名；file_name 表示要导入数据的文本文件；options 用于设置相应的选项，其取值参考 mysqldump 命令中 options 的值。此外，mysqlimport 命令中的 options 还可以是--ignore-lines=行数，表示忽略前几行。

【例 4-14】使用 mysqlimport 命令，将 D 盘根目录下的 goods.txt 文件中的数据记录导入数据库 test 的 goods 表中。goods.txt 中的内容如图 4-9 所示。

> mysqlimport-u root-proot test D：\goods.txt--ignore-lines=1

在命令提示符窗口输入上述命令并执行，提示并输出类如 "test.goods：Records：6 Deleted：0 Skipped：0 Warnings：0" 的信息，则数据导入成功。

【例 4-15】用 mysqlimport 命令将 D 盘根目录下的 gg.csv 文件中的数据导入数据库 test 中的 gg 表（替换主键值重复的记录）。gg.csv 中的内容如图 4-15 所示。

> mysqlimport-u root-proot test D：\gg.csv--fields-terminated-by=；--fields-optionally-enclosed-by=\"--lines-terminated-by=\r\n--ignore-lines=1

注意：使用 mysqlimport 命令导入表数据时，数据库中必须存在一个数据表，其名称与导入的文本文件的名称一致，否则将提示数据表不存在。

4.2 实验三：表数据更新

4.2.1 实验预习

① 写出 MySQL 中插入数据的语句格式。

② 写出 MySQL 中修改数据的语句格式。

③ 写出 MySQL 中删除数据的语句格式。

④ MySQL 如何批量导入或导出数据表数据？

4.2.2　实验目的

① 进一步熟悉 MySQL Workbench 工作台的操作方法。

② 掌握表数据插入、修改、删除的基本方法。

③ 掌握表数据批量导入和批量导出的方法。

④ 进一步了解数据完整性约束。

4.2.3　实验课时、环境及要求

实验课时：2 学时。

实验环境：Windows 操作系统，MySQL 8.0，MySQL Workbench 8.0，office 办公软件。

实验要求：

① 按照要求独立完成实验。

② 提交规范的实验报告。

4.2.4　实验内容

（1）准备实验环境：使用实验二中创建的数据库备份恢复学生选课数据库 stu_ms。

（2）将保存在 Excel 中的学生信息、课程信息、选课信息、教师信息等批量导入 stu_ms 数据库。各表数据如下所示。

① 学生表 Student。

SNO	SNAME	SSEX	SAGE	SDEPT
9512101	李勇	男	19	计算机系
9512103	王敏	女	20	计算机系
9521101	张莉	女	22	信息系
9521102	吴宾	男	21	信息系
9521103	张海	男	20	信息系
9531101	钱小平	女	18	数学系
9531102	王大力	男	19	数学系

② 教师表 Teacher。

TNO	TNAME	TPTITLE	TDEPT
10001	张三	副教授	信息工程学院
10002	李四	教授	信息工程学院
10005	王五	教授	信息工程学院
10003	张飞	教授	信息工程学院
10004	关羽	副教授	信息工程学院
20003	刘备	教授	人文学院
20004	武松	副教授	人文学院
30002	秦琼	教授	经济管理学院
30004	李白	教授	经济管理学院
30005	贺明	副教授	经济管理学院

③ 课程表 Caurse。

CNO	CNAME	CCREDIT	SEMSTER	PERIOD	TNO
C01	计算机导论	3	1	3	10001
C02	VB	4	3	4	10002
C03	计算机网络	4	7	4	10003
C04	数据库基础	6	6	4	10004
C05	高等数学	8	1	8	30002
C06	马克思主义哲学	3	2	6	30004

④ 选课表 Sc。

SNO	CNO	GRADE
9512101	C03	95
9512103	C03	51
9512101	C05	80
9512103	C05	60
9521101	C05	72
9521102	C05	80
9521103	C05	45
9531101	C05	81
9531102	C05	94
9512101	C01	NULL
9531102	C01	NULL
9512101	C02	87
9512101	C04	76

（3）在数据库 stu_ms 中，按要求完成如下操作。

① 在学生表 Student 中插入数据并保存。

SNO	SNAME	SSEX	SAGE	SDEPT
9512102	刘晨	男	20	计算机系

② 在课程表 Course 中插入数据并保存。

CNO	CNAME	CCREDIT	SEMSTER
C06	数据结构	5	4

观察有无意外发生？发生什么意外？如何修改？请将修改后的正确语句写出来。

③ 在选课表 Sc 中插入 95211 班学生选修 C04 的选课信息。

提示：插入的选课记录中的 SNO 从 Student 表中查询而来，插入的 CNO 为 "C04"。

④ 查询高等数学的成绩，包括学号、成绩，并按学号升序排序。将查询的结果输入名为 gs_cj 的表中。

提示：根据查询结果创建一个新表，可以考虑使用语句 "create table...as 子查询"。

⑤ 将 Sc 表中 "C05" 课程的选课记录输出至一个新表中，表名为 Gs01。

提示：先用 create table...like 语句创建一个与 Sc 表结构一致的表，即 Gs01，再通过 "insert into 表名 select 子查询" 语句将查询到的结果插入该表。

（4）修改数据。

① 将所有学生的年龄增加 1 岁。

② 将 "9512101" 学生的 "C01" 课程成绩修改为 85 分。

③ 将学生王大力选修的 "计算机导论" 的课程成绩改为 70 分。

④ 将所有平均分为 75 分以上的学生的各门课的成绩在原来的基础上增加 10%。

（5）删除数据。

① 删除 Gs01 表中学号为 9531102 的学生的选课记录。

② 删除 "数据库基础" 课程所有的选课记录。

③ 清空 gs_cj 表中的全部数据。

（6）批量导出数据。

① 用界面方式将 Student 表中的数据导入一个文本文件中，字段之间用 "，" 作为分隔符。

② 用命令方式将 Course 表中的数据导入一个 CSV 文件中。

4.2.5　实验注意事项

完成数据的插入、更新和删除操作，需要具有对表进行 INSERT，UPDATE 和 DE-LETE 操作的权限。

4.2.6　实验思考

① 执行 SQL 的数据更新操作时，如何检查完整性规则？

② 已经声明为 NOT NULL 的列的值被更新为 NULL 会发生什么事情？

习题三

一、选择题

1. 若用如下 SQL 语句创建一个 student 表：

CREATE TABLE STUDENT(

　　SNO CHAR(4) NOT NULL,

　　SNAME CHAR(8) NOT NULL,

　　SEX CHAR(2),

　　AGE INT)

可以插入 student 表中的是＿＿＿＿＿＿。

A. ('1031', '曾华', 男, 23)　　　　　　B. ('1031', '曾华', NULL, NULL)

C. (NULL, '曾华', '男', '23')　　　　　D. ('1031', NULL, '男', 23)

2. 以下语法不能实现新增数据的是＿＿＿＿＿＿。

A. INSERT 表名 VALUE(值列表)

B. INSERT INTO 表名 VALUE(值列表)

C. INSERT INTO 表名 VALUES(值列表)

D. INSERT INTO 表名(值列表)

3. 语句＿＿＿＿＿＿可以删除数据表中指定条件的数据。

A. DELETE　　　　　　　　　　　　　　B. DROP

C. ALTER TABLE　　　　　　　　　　　D. 以上答案全部正确

4. SQL 中，"DELETE FROM 表名"表示＿＿＿＿＿＿。

A. 从基本表中删除所有元组　　　　　　B. 从基本表中删除所有属性

C. 从数据库中撤销这个基本表　　　　　D. 从基本表中删除重复元组

5. 在基表 S 中删除电话号码(PHONE)属性使用_____命令。

A. ALTER S DROP PHONE　　　　B. ALTER TABLE S DROP PHONE

C. UPDATE TABLE S PHONE　　　D. DROP TABLE S PHONE

6. 下列语句中,_____不是表数据的基本操作语句。

A. CREATE 语句　　　　　　　　B. INSERT 语句

C. DELETE 语句　　　　　　　　D. UPDATE 语句

7. 设关系数据库中一个表 S 的结构为 S(SN, CN, grade),其中 SN 为学生名,CN 为课程名,二者均为字符型;grade 为成绩,数值型,取值范围为 0~100。若要把张二的化学成绩 80 分插入 S 中,则可用_____。

A. ADD INTO S VALUES('张二', '化学', '80')

B. INSERT INTO S VALUES('张二', '化学', '80')

C. ADD INTO S VALUES('张二', '化学', 80)

D. INSERT INTO S VALUES('张二', '化学', 80)

8. 设关系数据库中一个表 S 的结构为 S(SN, CN, grade),其中 SN 为学生名,CN 为课程名,二者均为字符型;grade 为成绩,数值型,取值范围为 0~100。若要将王二的化学成绩更正为 85 分,则可用_____。

A. UPDATE S SET grade=85 WHERE SN='王二' AND CN='化学'

B. UPDATE S SET grade='85' WHERE SN='王二' AND CN='化学'

C. UPDATE grade=85 WHERE SN='王二' AND CN='化学'

D. UPDATE grade='85' WHERE SN='王二' AND CN='化学'

9. 使用 SQL 命令将学生表 STUDENT 中的学生年龄(AGE)字段的值增加 1,应该使用的命令是_____。

A. Update set age with age+1　　　B. Update student set age=age+1

C. Update student age with age+1　D. Replace age with age+1

10. 可以向指定数据表插入数据的语句是_____。

A. DELETE　　　B. DROP　　　C. ALTER TABLE　D. INSERT

11. 若用如下 SQL 语句创建一个表 SC: CREATE TABLE SC(SNO CHAR(6)NOT NULL, CNO CHAR(3)NOT NULL, SCORE INTEGER, NOTE CHAR(20)),如果要向 SC 表插入一行记录,准确的 INSERT 语句为_____。

A. INSERT INTO SC VALUES('200823', '101', NULL, NULL);

B. INSERT INTO SC VALUES('200823', '101', 60, 必修);

C. INSERT INTO SC VALUES('200823', NULL, 86, '');

D. INSERT INTO SC VALUES(NULL, '101', 80, '选修');

12. 在 MySQL 中，向 char、varchar、text、日期型的字段插入数据时，字段值要用_____括起来。

    A. 单引号   B. 方括号   C. #号   D. 不需要任何符号

13. 当课程表（course）中字段 teacher_no 和教师表（teacher）之间存在外键约束关系时，如果需要在 course 表中插入记录，那么任课教师（teacher_no）字段值不能是_____。

    A. NULL   B. 来自 teacher 表中的 teacher_no 值

    C. 任意设置   D. 选项中其他三个答案均不正确

14. 在 MySQL 中，执行下面语句，那么插入 sname 字段的值是_____。

insert into table1(sno, sname) values('201510', 'O\'Jack')

    A. O\'Jack   B. O'Jack

    C. Jack   D. O Jack（间隔为一个制表位）

15. 在 MySQL 中，设有表 department1（d_no, d_name），其中 d_no 是该表的唯一索引，那么先执行 insert into department1(d_no, d_name) values('0004', '英语系') 语句，再执行 insert into department1(d_no, d_name) values('0004', '数学系') 语句，出现的结果为_____。

    A. 出错，错误原因是语句书写错误

    B. 不出错，插入的记录为（0004，英语系）

    C. 出错，错误原因是唯一索引不能重复

    D. 不出错，插入的记录为（0004，数学系）

16. 学生表 student 包含 sname, sex, age 三个属性列，其中 age 的默认值是 20，执行如下 SQL 语句的结果是_____。

INSERT INTO student(sex, sname, age) VALUES('M', 'Lili');

    A. 执行成功，sname, sex, age 的值分别是 Lili, M, 20

    B. 执行成功，sname, sex, age 的值分别是 M, Lili, 20

    C. 执行成功，sname, sex, age 的值分别是 M, Lili, NULL

    D. SQL 语句不正确，执行失败

17. 在 MySQL 中，关于 replace 与 insert 的区别，下列说法不正确的是_____。

    A. 如果插入的记录不重复，replace 就和 insert 的功能完全相同

    B. insert 语句一次可以更新多条记录，而 replace 一次只能更新一条记录

    C. 如果插入的记录有重复，replace 就使用新记录的值来替换原来的记录值

    D. 在没有唯一索引的表中，replace 的功能和 insert 的功能完全一样

18. 在 MySQL 中，关于 delete 和 truncate 的区别，下列说法错误的是_____。

A. 删除表中的部分记录，可以使用 truncate 语句

B. 删除表中的部分记录，可以使用 delete 语句

C. delete 可以返回被删除的记录数，而 truncate table 返回的是 0

D. delete 和 truncate 都可以用于清空表数据

19. 在 MySQL 中，更新数据的 SQL 语句，字段值不需要用单引号括起来的字段类型有_____。

A. 日期型　　　　　B. int　　　　　C. text　　　　　D. char

20. 在 MySQL 中，更新数据库表记录的 SQL 语句不包括_____。

A. INSERT　　　　　B. UPDATE　　　　　C. DELETE　　　　　D. DROP

二、填空题

1. 在 MySQL 中，可以使用 INSERT 或_____语句，向数据库中一个已有的表插入一行或多行元组数据。

2. 在 MySQL 中，可以使用_____语句或_____语句删除表中的一行或多行数据。

3. 在 MySQL 中，可以使用_____语句修改、更新一个表或多个表中的数据。

4. SQL 语言中，删除基本表的语句是_____，删除数据的语句是_____。

5. 按照使用方式不同，数据操纵语言 DML 分为_____和_____。

6. SQL 的数据更新功能主要包括_____、_____和_____三个语句。

7. 删除基本表数据时，若省略_____子句，则表示删除表中全部元组。

8. INSERT 语句通常有两种形式，一种是插入一个_____，另一种是插入子查询结果。

三、判断题

1. 在 MySQL 中，insert 语句都可以用 replace 语句替换。（　　）

2. 在 MySQL 中，truncate 语句和 delete 语句相似，都可以使用 where 子句指定删除条件。（　　）

3. 在 MySQL 中，执行了 replace 语句后，根据返回影响行数的值，可以判断表中是否有重复记录。（　　）

4. 在 MySQL 中，一次只能向表中插入一条记录。（　　）

5. UPDATE 语句中若省略了 where 子句，则修改表中的所有记录。（　　）

6. 从多表中删除记录时，外键级联规则选项应设置为 cascade。（　　）

7. 在 MySQL 中，使用 replace 最大的好处就是可以将 delete 和 insert 合二为一。

（　　）

8. 在 MySQL 中，如果清空记录的表为父表，那么 truncate 命令将永远失败。

（　　）

9. 如果 delete 语句中没有指定 where 子句，那么将删除第一条记录。（　　）

10. 除了直接向表中插入记录外，还可以将已有表中的查询结果添加到目标表中。

（　　）

四、简答题

1. 请简述 INSERT 语句与 REPLACE 语句的区别。

2. 请简述 DELETE 语句与 TRUNCATE 语句的区别。

五、综合应用题

设有关系表 R：R(NO，NAME，SEX，AGE，CLASS)，主关键字是 NO。其中，NO 为学号，NAME 为姓名，SEX 为性别，AGE 为年龄，CLASS 为班号。写出实现下列功能的 SQL 语句。

① 插入一个记录(25，'李明'，'男'，21，'95031')。

② 插入 95031 班学号为 30，姓名为郑和的学生记录。

③ 将学号为 10 的学生姓名改为王华。

④ 将所有 95101 班号改为 95091。

⑤ 删除学号为 20 的学生的记录。

⑥ 删除姓王的学生的记录。

第5章 单表查询

5.1 关键知识点

在 MySQL 中，可以通过 SELECT 语句查询数据。查询数据是指从数据库中检索所需要的数据，可以包含要返回的列、要选择的行、放置行的顺序和如何将信息分组的规范，是使用频率最高、最重要的操作。

SELECT 语句的基本语法格式如下。

```
SELECT{ * |<字段列名>}          #要查询的内容，选择哪些列
FROM<表 1>, <表 2>...          #指定数据表
[WHERE<表达式>]                #查询时需要满足的条件
[GROUP BY<group by definition>] #如何对结果进行分组
[HAVING<expression>[ {<operator><expression>}...]]
                               #设置分组的过滤条件
[ORDER BY<order by definition>] #如何对结果进行排序
[LIMIT[ <offset>, ]<row count>] #指定返回的数据偏移量(默认为 0)及行数
```

5.1.1 投影查询

所谓投影查询，即查询表中的一列或多列。

5.1.1.1 查询表中指定的列

在 SELECT 子句的<字段列名>中指定要查询的列名，各列名之间以逗号分隔。

【例 5-1】查询 stu_ms 数据库中学生的姓名、性别和系别。

```
use stu_ms;
select sname, ssex, sdept
from student
```

查询结果如图 5-1 所示。

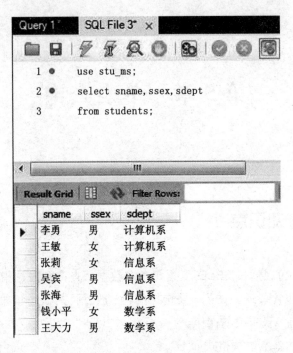

图 5-1　例 5-1 的查询结果

📖**多学一招：查询表中的所有列**

当要查询表中的所有列时，可用"＊"表示，查询结果按用户创建表时声明的列的顺序显示。如查询学生表中的所有列：

```
use stu_ms;
select * from student
```

5.1.1.2　为查询结果中的字段指定别名

在使用 SELECT 语句查询数据时，MySQL 会显示每个 SELECT 后面指定输出的字段。有时为了显示结果更加直观，可以为字段指定一个别名。

为字段指定别名的基本语法格式如下。

```
<字段名>[AS]<别名>
```

其中，AS 关键字可以省略，省略后需要将字段名和别名用空格隔开。

【例 5-2】查询 stu_ms 数据库中学生的姓名和年龄，将结果中各字段的名字分别制定为"姓名"和"年龄"。

```
select sname as 姓名, sage 年龄
from student
```

5.1.1.3　去掉重复行

在使用 SELECT 语句查询数据时,可以使用 DISTINCT 关键字过滤掉查询结果中的重复行。

【例 5-3】查询 stu_ms 数据库中学生表的系别名称,过滤掉重复行。

```
select distinct sdept 系别
from student
```

5.1.1.4　计算列值

在进行数据查询时,经常需要对查询到的数据进行再次计算处理。MySQL 允许用户直接在 SELECT 语句中使用计算列。计算列不存在于数据表中,它是通过对某些数据进行演算得来的结果,没有列名,但可以在查询结果中指定别名。

【例 5-4】查询 stu_ms 数据库中学生的出生年份,并指定别名"出生年份"。

```
select sname 姓名,2022-sage 出生年份
from student
```

查询结果如图 5-2 所示。

图 5-2　例 5-4 的查询结果

5.1.2　选择查询

选择查询是从整个表中选出满足指定条件的行的查询,通过 WHERE 子句实现。WHERE 子句的基本语法格式如下。

WHERE 查询条件

MySQL 支持比较、范围、列表、字符串匹配等选择方法。WHERE 子句中常用的条件表达式如表 5-1 所示。查询条件的数目没有限制。

表 5-1 常用的查询条件

查询条件	谓词
比较运算符	=, >, <, >=, <=, ! =, <>, ! >, ! <
确定范围	BETWEEN AND, NOT BETWEEN AND
确定集合	IN, NOT IN
字符匹配	LIKE, NOT LIKE
空值	IS NULL, IS NOT NULL
多重条件	AND, OR, NOT

【例 5-5】查询 stu_ms 数据库的 sc 表中成绩低于 60 分的学生的学号、课程号和成绩。

```
select * from sc where grade<60
```

【例 5-6】查询 stu_ms 数据库的 sc 表中成绩在 80 到 90 分之间的学生的学号、课程号和成绩。

```
select * from sc where grade between 80 and 90
```

或者

```
select * from sc where grade>=80 and grade<=90
```

【例 5-7】查询 stu_ms 数据库中"通信系"和"数学系"学生的姓名、学号和系别。

```
select sname, sno, sdept from student
where sdept in('信息系', '数学系')
```

【例 5-8】查询 stu_ms 数据库中所有姓王的学生的信息。

```
select * from student where sname like'王%'
```

【例 5-9】查询 stu_ms 数据库中所有成绩不为空的学生的学号、课程号及成绩。

```
select sno, cno, grade from sc
where grade is not null
```

5.1.3　聚合函数查询

MySQL 提供了一系列聚合函数，通过这些函数可以实现数据集合的汇总或求平均值等运算。MySQL 提供的聚合函数如表 5-2 所示。

表 5-2　常用的聚合函数

函数名	功能
sum(列名)	对一个数字列求和
avg(列名)	对一个数字列计算平均值
min(列名)	返回一个数字、字符串或日期列的最小值
max(列名)	返回一个数字、字符串或日期列的最大值
count(列名)	返回一个列的数据项数
count(∗)	返回找到的行数

【例 5-10】查询 stu_ms 数据库中学号为 9512101 学生的平均成绩。

```
select sno, avg(grade) as 平均成绩 from sc
where sno = '9512101'
```

5.1.4　分组查询

在 MySQL 中，使用 GROUP BY 子句可以根据一个或多个字段对查询结果进行分组。在分组的列上可以使用 COUNT，SUM，AVG 等函数。

使用 GROUP BY 子句的语法格式如下。

```
GROUP BY<字段名>     //设置需要分组的字段名称，多个字段时用逗号隔开
[HAVING   表件表达式]//设置过滤分组的条件
[WITH ROLLUP]        //在分组统计数据基础上进行全部结果集的汇总统计
```

【例 5-11】查询 stu_ms 数据库中男生和女生的人数。

```
select ssex 性别, count(∗)人数 from student
group by ssex
```

查询结果如图 5-3 所示。

【例 5-12】查询 stu_ms 数据库中信息系的学生人数。

```
select sdept 系别, count(∗)人数 from student
group by sdept
having sdept = '信息系'
```

查询结果如图5-4所示。

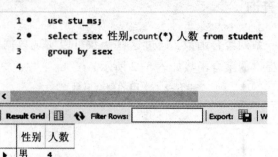

图 5-3   例 5-11 的查询结果

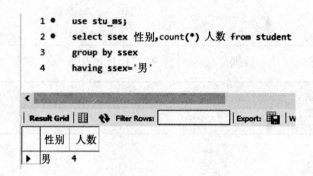

图 5-4   例 5-12 的查询结果

【例 5-13】查询 stu_ms 数据库中男生、女生及所有学生的人数。

```
select ssex 性别, count( * )人数 from student
group by ssex
with rollup
```

查询结果如图5-5所示。

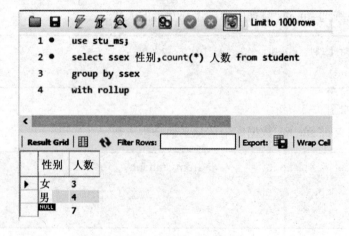

图 5-5   例 5-13 的查询结果

5.1.5　对查询结果进行排序

通过 SELECT 语句查询到的数据，一般按照数据最初被添加到表中的顺序来显示。为了使查询结果的顺序满足用户的要求，MySQL 提供了 ORDER BY 子句对查询结果进行排序。

ORDER BY 子句的语法格式如下。

> ORDER BY<字段名>[ASC|DESC]

其中，<字段名>表示需要排序的字段名称，有多个字段时用逗号隔开；ASC 表示字段按升序排序；DESC 表示字段按降序排序。其中 ASC 为默认值。

【例 5-14】查询 stu_ms 数据库中选修课程号为 C05 的学生的成绩，并按成绩降序排序。

> select sno, cno, grade from sc where cno='C05'
>
> order by grade desc

查询结果如图 5-6 所示。

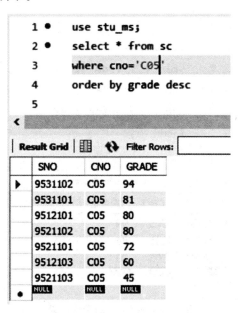

图 5-6　例 5-14 的查询结果

5.1.6　限制查询结果的条数

当数据表中有上万条数据时，一次性查询出表中的全部数据会降低数据返回的速度，同时给数据库服务器造成很大的压力。这时就可以用 LIMIT 关键字来限制查询结果返回的条数。

LIMIT 是 MySQL 中的一个特殊关键字，用于指定查询结果从哪条记录开始显示及一共显示多少条记录。

LIMIT 关键字有 3 种使用方式，即指定初始位置、不指定初始位置及与 OFFSET 组合使用。

5.1.6.1 指定初始位置

LIMIT 指定初始位置的基本语法格式如下。

LIMIT[初始位置，]记录数

其中，初始位置表示从哪条记录开始显示，缺省为 0；记录数表示显示记录的条数。

【例 5-15】查询 stu_ms 数据库中选修课程号为 C05 的学生的成绩，显示排名前 3 的学生成绩。

```
select sno, cno, grade from sc where cno='C05'
order by grade desc
limit 0, 3
```

查询结果如图 5-7 所示。

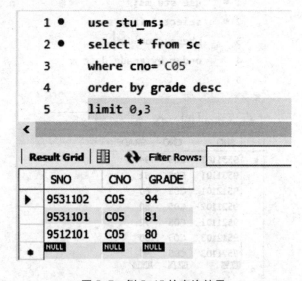

图 5-7 例 5-15 的查询结果

5.1.6.2 不指定初始位置

LIMIT 关键字不指定初始位置时，记录从第一条记录开始显示。显示记录的条数由 LIMIT 关键字指定。LIMIT 不指定初始位置的基本语法格式如下。

LIMIT 记录数

例 5-15 也可以用如下代码实现。

```
select sno, cno, grade from sc where cno='C05'
order by grade desc
limit 3
```

5.1.6.3　OFFSET 组合使用

LIMIT 可以和 OFFSET 组合使用，语法格式如下。

```
LIMIT 记录数 OFFSET 初始位置
```

参数和 LIMIT 语法中参数含义相同，初始位置指定从哪条记录开始显示；记录数表示显示记录的条数。

例 5-15 也可以用如下代码实现。

```
select sno, cno, grade from sc where cno='C05'
order by grade desc
limit 3 offset 0
```

5.2　实验四：单表查询

5.2.1　实验预习

① 复习并掌握 SELECT 语句的语法结构。

② 熟悉 MySQL 中的各种查询条件。

③ 准备好上机所需要的学生选课数据库 stu_ms。

5.2.2　实验目的

① 熟练掌握单表查询的 SELECT 语法结构。

② 熟练掌握 MySQL 提供的函数的运用、条件表达式的表示方法。

③ 通过观察查询结果，体会 SELECT 语句的实际应用。

5.2.3　实验课时、环境及要求

实验课时：2 学时。

实验环境：Windows 操作系统，MySQL 8.0，MySQL Workbench 8.0，office 办公软

件。

实验要求：

① 按照要求独立完成实验。

② 提交规范的实验报告。

5.2.4 实验内容

（1）准备实验环境：使用实验三中创建的数据库备份恢复学生选课数据库stu_ms。

（2）在数据库 stu_ms 中按要求完成如下操作。

① 查询所有教师的信息。

② 查询所有教师所在的部门有哪些。

③ 查询成绩不及格学生的学号和课号。

④ 查询学分在 2~4 分之间的课程名称。

⑤ 查询信息工程学院和人文学院的教师信息。

⑥ 查询所有张姓同学的信息。

⑦ 查询学分为空值的课程号和课程名称。

⑧ 查询哪些部门教授人数在 3 人（包括 3 人）以上。

⑨ 查询每个教师上课的门数。

⑩ 查询选修了三门以上课程学生的学号。

⑪ 查询平均成绩不少于 75 分学生的学号和平均成绩。

⑫ 将学生成绩表中的信息按课程成绩由高到低排序显示。

⑬ 查询年龄最小的前 5 名学生的学号、姓名、年龄及系别。

5.2.5 实验注意事项

完成数据的查询操作，需要具有对表进行 SELECT 操作的权限。

5.2.6 实验思考

① SELECT 语句中的 WHERE 子句和 HAVING 子句有何区别？

② 对 ORDER BY 子句的位置有无要求？在 GROUP BY 子句之前还是之后？

习题四

一、选择题

1. SQL 语言是_____的语言，容易学习。

A. 过程化　　　　　B. 非过程化　　　　C. 格式化　　　　　D. 导航式

2. SQL 语言中，SELECT 语句用以实现_____功能。

A. 数据查询　　　　B. 数据操纵　　　　C. 数据定义　　　　D. 数据控制

3. 下列聚集函数中，不忽略空值(null)的是_____。

A. SUM(列名)　　B. MAX(列名)　　C. COUNT(*)　　D. AVG(列名)

4. 在 SQL Server 中，对 IN 语句取反的方法是在 IN 前面添加_____。

A. NON　　　　　　B. NOT　　　　　　C. ！　　　　　　　D. NO

5. SQL 查询语句中，用来指定对选定的字段进行排序的子句是_____。

A. FROM　　　　　B. WHERE　　　　　C. GROUP BY　　　D. ORDER BY

6. 如果表中有一个姓名字段，查找姓王的记录条件是_____。

A. Not' 王 * '　　B. Like' 王'　　　C. Like' 王 * '　　　D. ' 王'

7. 要在查询中统计记录的个数，应使用的函数是_____。

A. SUM　　　　　　B. COUNT(列名)　C. COUNT(*)　　D. AVG

8. 以下关于查询的叙述正确的是_____。

A. 只能根据数据表进行查询

B. 只能根据子查询进行查询

C. 只能根据视图进行查询

D. 可以根据数据表、视图及子查询进行查询

9. 在 SQL 查询命令中，使用 HAVING 短语时必须配合使用的短语是_____。

A. ORDER BY　　　B. GROUP BY　　　C. WHERE　　　　D. FROM

10. 查询时，若要筛选出图书编号为 T01 或 T02 的记录，正确的查询条件是
_____。

A. Not In(' T01 ' , ' T02 ')　　　　　B. ' T01 ' OR ' T02 '

C. In(' T01 ' , ' T02 ')　　　　　　　D. ' T01 ' AND ' T02 '

11. 查询时，姓名字段的查询条件设置为 IS NULL，则显示的记录是_____。

A. 姓名字段不为空的记录　　　　　B. 姓名字段为空的记录

C. 姓名字段中不包含空格的记录　　D. 姓名字段中包含空格的记录

12. 在 SQL 查询中，GROUP BY 的含义是_____。

A. 选择行条件　　　　　　　　　　B. 对查询进行分组

C. 选择列字段　　　　　　　　　　D. 对查询进行排序

13. 学生表中有学号、姓名、性别和入学成绩等字段，执行 SQL 命令 "Select Avg
(入学成绩)From 学生表 Group by 性别" 后的结果是_____。

A. 计算并显示所有学生的平均入学成绩

B. 计算并显示所有学生的性别和平均入学成绩

C. 按照性别顺序计算并显示所有学生的平均入学成绩

D. 按性别分组计算并显示不同性别学生的平均入学成绩

14. 在 SQL 语言的 SELECT 语句中，用于实现选择运算的子句是_____。

A. WHERE   B. IF   C. WHILE   D. FOR

15. 使用 ORDER BY 短语对查询结果排序时，如果有多个字段，则输出结果是_____。

A. 无法进行排序   B. 按最右边的字段开始排序

C. 按最左边的字段进行排序   D. 按从左向右优先次序依次排序

16. SELECT 命令中用于返回非重复记录的关键字是_____。

A. LIMIT   B. GROUP   C. DISTINCT   D. ORDER

17. 在 SQL 语句中，与 X BETWEEN 20 AND 30 等价的表达式是_____。

A. X>=20 AND X<30   B. X>20 AND X<30

C. X>20 AND X<=30   D. X>=20 AND X<=30

18. 下列描述中，描述正确的是_____。

A. SQL 是一种过程化语言   B. SQL 采用集合操作方式

C. SQL 不能嵌入高级语言程序中   D. SQL 是一种 DBMS

19. 在 SQL 查询时，使用 WHERE 子句指出的是_____。

A. 查询条件   B. 查询目标   C. 查询视图   D. 查询结果

20. 查找工资 600 元以上并且职称为工程师的记录，逻辑表达式为_____。

A. '工资'>600 OR 职称='工程师'   B. '工资'>600 AND 职称=工程师

C. '工资'>600 AND'职称'='工程师'   D. '工资'>600 AND 职称='工程师'

21. 下列选项中与"WHERE(id, price)=(3, 1999)"功能相同的是_____。

A. WHERE id=3 || price=1999   B. WHERE id=3 && price=1999

C. WHERE(id, price)<>(3, 1999)   D. 以上选项都不正确

22. 在 MySQL 中，模糊查询的匹配符，其中_____可以匹配任意个数的字符。

A. %   B. _   C. *   D. ?

23. 要查询所有课程中，各门课程的平均分，正确的 SQL 语句是_____。

A. SELCET 课程号, MAX(成绩), MIN(成绩)FROM 选课表 ORDER BY 课程号

B. SELCET 课程号, SUM(成绩)FROM 选课表 GROUP BY 课程号

C. SELCET 课程号, MAX(成绩), FROM 选课表 GROUP BY 课程号

D. SELCET 课程号, AVG(成绩)FROM 选课表 GROUP BY 课程号

24. 在教师表中查找还没有输入工龄数据的记录，使用的 SQL 语句是_____。

A. SELECT * FROM 教师表 WHERE 工龄 IS.NULL

B. SELECT * FROM 教师表 WHERE 工龄=0

C. SELECT * FROM 教师表 WHERE 工龄 IS NULL

D. SELECT * FROM 教师表 WHERE 工龄=NULL

25. 下列短语中，与排序无关的短语是_____。

A. ASC　　　　　B. DESC　　　　　C. GROUP BY　　　D. ORDER BY

二、填空题

1. SQL 是_____。

2. SQL 语言除了具有数据定义、数据操纵和数据控制功能之外，还具有_____功能，它是一个综合性的功能强大的语言。

3. 在关系数据库标准语言 SQL 中，实现数据检索的语句命令是_____。

4. 在 MySQL 的 SELECT 语句中，可以使用_____子句对查询的结果进行分组显示。

5. 在 MySQL 的 SELECT 语句中，用于实现选择运算的短语是_____。

6. 在 MySQL 中，若要查找最近 20 天之内参加工作的职工记录，查询条件为_____。

7. 在字符匹配查询中，通配符"%"代表_____，"-"代表_____。

8. SQL 语言中，实现数据检索的语句是_____。

9. 在 SQL 中，如果希望将查询结果排序，应在 Select 语句中使用_____句。

10. SELECT 语句查询条件中的谓词"！＝ALL"与运算符_____等价。

11. 已知学生关系(学号，姓名，年龄，班级)，要检索班级为空值的学生姓名，其 SQL 查询语句中 WHERE 子句的条件表达式是_____。

12. SELECT 语句查询条件中的谓词"＝ANY"与运算符_____等价。

13. 使用 SQL 语句在关系表 S(学号，课程号，成绩)中检索每个人的平均成绩：SELECT 学号，AVG(成绩)FROM S _____。

14. SQL 语言中，函数 COUNT(＊)用来计算_____的个数。

15. 在 SELECT 语句中，若希望查询结果中不出现重复元组，应在 SELECT 语句中使用_____关键字。

16. 在 MySQL 中，应用_____关键字限制查询结果返回的条数。

三、综合应用题

设计一个 SPJ 数据库，包括供应商表 S、零件表 P、工程项目表 J 及供应情况表 SPJ 四个关系模式，各关系模式结构如下。

① S(SNO，SNAME，STATUS，CITY)，其中，各字段分别表示供应商代码、供应商姓名、供应商状态、供应商所在城市。

② P(PNO，PNAME，COLOR，WEIGHT)，其中，各字段分别表示零件代码、零件名、零件颜色、零件重量。

③ J(JNO，JNAME，CITY)，其中，各字段分别表示工程项目代码、工程项目名、工程项目所在城市。

④ SPJ(SNO，PNO，JNO，QTY)，其中，各字段分别表示供应商代码、零件代码、

工程项目代码、供应数量。

试用 SQL 语句实现如下查询。

① 查询青岛海尔生产的商品信息。

② 查询所有商品的种类名称。

③ 查询单价在 2000~3000 元商品的信息。

④ 查询商品表中所有商品的信息，其中单价按照打八折显示。

⑤ 查询青岛海尔和青岛海信生产的商品的信息。

⑥ 查询不是青岛的公司生产的商品的信息。

⑦ 查询库存总量最少的仓库的编号。

⑧ 查询存放了两种以上商品的仓库编号。

⑨ 查询出生日期为空的管理员的信息。

第6章　多表查询

6.1　关键知识点

在 MySQL 数据库中进行数据查询时，数据的来源可能不仅局限于某一张表，而是数据库中两张或两张以上的表，此时可以使用一定的条件规则将两张或两张以上的表连接成一张大的逻辑表，而需要查找的数据可以从这张大的逻辑表中查找出来。通常两张或两张以上的表是通过公共字段或者外键约束来建立关联关系的，若两张或两张以上的表中没有任何相同的字段，则可以通过比较类型相同的两个列的值的大小进行查询。

6.1.1　UNION 合并结果集

在多表查询中，合并结果集分为使用 UNION 关键字合并和使用 UNION ALL 关键字合并，接下来对这两种方法进行讲解。

6.1.1.1　使用 UNION 关键字合并

使用 UNION，可以将几个表中的数据联合起来作为一个单一的结果集。UNION 是从 MySQL 4.0 开始使用，一般格式如下。

```
SELECT 字段名 FROM 表名 1
UNION
SELECT 字段名 FROM 表名 2;
```

在 MySQL 中使用 UNION 时，要求两个 SELECT 语句中列的数量和顺序一致，列的类型相似。

【例 6-1】stu_ms 数据库中有 Student 表和 Teacher 表，用 UNION 实现多表间的操作，将 Student 和 Teacher 表进行合并。

```
use stu_ms;
select SNO, SNAME from Student
union
select TNO, TNAME from Teacher;
```

查询结果如图 6-1 所示。

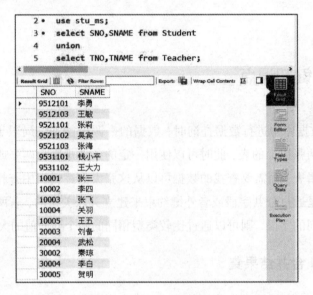

图 6-1　例 6-1 的查询结果

思考：若两张表结构完全相同，分别向两张表中插入一条相同的数据，然后将两张表使用 UNION 关键字合并，会在合并后的表中出现两条完全相同的记录吗？

6.1.1.2　使用 UNION ALL 关键字合并

UNION ALL 关键字与 UNION 关键字用法类似，但使用 UNION ALL 关键字查询出两张表的数据合并结果集后，不会过滤掉重复的数据。

【例 6-2】创建 test1 表和 test2 表，两表结构完全相同，如表 6-1 所示。分别在两张表中插入一条相同的数据，并将查询出的结果集合并，不过滤重复数据。

表 6-1　例 6-2 中表结构

字段	字段类型	约束类型	说明
id	int	PRIMARY KEY	编号
name	VARCHAR(20)		姓名

创建 test1 表和 test2 表。

```
create table test1(
    id int primary key,
    name varchar(20)
);
create table test2(
    id int primary key,
    name varchar(20)
);
```

分别向 test1 表和 test2 表添加数据。

```
insert into test1(id, name)values(1, '张三');
insert into test2(id, name)values(1, '张三');
```

使用 UNION ALL 关键字合并 test1 表、test2 表。

```
select * from test1
union all
select * from test2;
```

查询结果如图 6-2 所示。

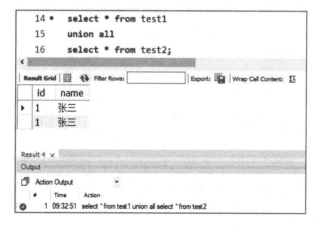

图 6-2　例 6-2 的查询结果

6.1.2　子查询

进行查询的时候,若需要的条件是另外一个 SELECT 语句的结果,就要用到子查询。子查询就是嵌套的 SELECT 语句,即将一个查询放置到另一个查询的内部。内部的查询就被称为子查询。在 SQL 命令执行时，首先执行子查询，找出不知道的信息，然后外部查询再使用该信息找出需要查询的结果。为增强查询的能力，MySQL 允许在 WHERE，FROM 和 SELECT 条件中嵌套另一个子查询，子查询的结果作为外部查询的查询条件。用子查询实现多表查询结构会更加清晰，更加容易反映查询的思路。

6.1.2.1　在 WHERE 中使用子查询

WHERE 型子查询就是在 WHERE 语句中加入 SELECT 语句，将 SELECT 语句的结果作为外层查询的比较条件。

（1）带有比较运算符的子查询。

带有比较运算符的子查询是指父查询与子查询之间用比较运算符连接。当用户能确切知道内层查询返回的是单个值时，可以用>, <, =, >=, <=, ！=或<>等比较运算符。

一般格式如下。

> SELECT 字段名 FROM 表名 1
> WHERE
> 字段名 1 运算符(SELECT 字段名 2　FROM 表名 2 WHERE 条件)；

【例 6-3】在 stu_ms 数据库的 Student 表中，查询年龄比王大力大的学生的信息，要求显示学生学号、姓名、性别和年龄。

> use stu_ms;
> select SNO, SNAME, SSEX, SAGE from Student
> where
> SAGE>(select SAGE from Student where SNAME='王大力'）；

查询结果如图 6-3 所示。

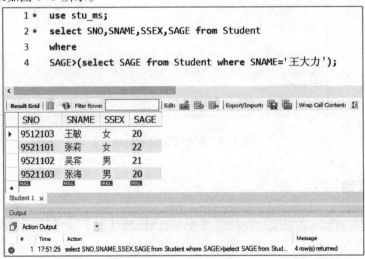

图 6-3　例 6-3 的查询结果

(2)带有 IN 谓词的子查询。

使用 IN 关键字进行子查询时，内层查询语句仅仅返回一个数据列，这个数据列里的值将提供给外层查询语句进行比较操作。

【例 6-4】从 stu_ms 数据库中的 Student 表中查询考试成绩不少于 80 分的学生姓名。

```
use stu_ms;
select SNAME from Student
where
SNO in( select SNO from Sc where GRADE>= 80);
```

查询结果如图 6-4 所示。

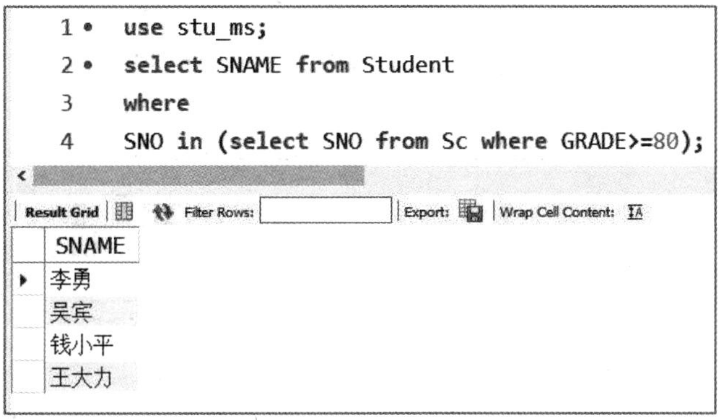

图 6-4　例 6-4 的查询结果

(3)带 ANY，SOME 关键字的子查询。

ANY 和 SOME 关键字是同义词，表示满足其中任一条件，它们允许创建一个表达式对子查询的返回值列表进行比较，只要满足内层子查询中的任何一个比较条件，就返回一个结果作为外层查询的条件。

【例 6-5】定义两个表 test3(num1 INT NOT NULL)和 test4(num2 INT NOT NULL)，向 test3 表和 test4 表中分别插入(5)(15)(88)和(22)(7)(45)数据，返回 test4 表的所有num2 列，然后将 test3 表中的 num1 与之进行比较，只要大于 num2 的任何一个值，即为符合查询条件的结果。

定义两个表并插入数据。

```
use stu_ms;
create table test3( num1 int not null);
create table test4( num2 int not null);
insert into test3 values(5), (15), (88);
insert into test4 values(22), (7), (45);
```

查询语句。

```
select num1 from test3 where num1>any(select num2 from test4);
```

查询结果如图 6-5 所示。

```
1 • use stu_ms;
2 • create table test3 (num1 int not null);
3 • create table test4 (num2 int not null);
4 • insert into test3 values(5),(15),(88);
5 • insert into test4 values(22),(7),(45);
6 • select num1 from test3 where num1 > any(select num2 from test4);
```

Result Grid | Filter Rows: | Export: | Wrap Cell Content: IA

num1
15
88

test3 3 ×

Output

Action Output

#	Time	Action	Message
● 1	18:54:03	select num1 from test3 where num1 > any(select num2 from test4) LIMIT 0, 1000	2 row(s) returned

图 6-5　例 6-5 的查询结果

(4)带 ALL 关键字的子查询。

ALL 关键字与 ANY 和 SOME 不同，使用 ALL 时需要同时满足所有内层查询的条件。

【例 6-6】在例 6-5 的基础上，返回 test3 表中比 test4 表 num2 列所有值都大的值。

查询语句。

```
select num1 from test3 where num1>all(select num2 from test4);
```

查询结果如图 6-6 所示。

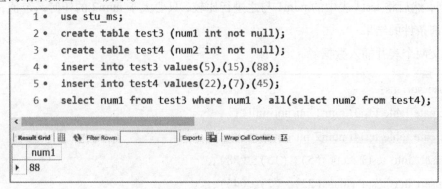

```
1 • use stu_ms;
2 • create table test3 (num1 int not null);
3 • create table test4 (num2 int not null);
4 • insert into test3 values(5),(15),(88);
5 • insert into test4 values(22),(7),(45);
6 • select num1 from test3 where num1 > all(select num2 from test4);
```

Result Grid | Filter Rows: | Export: | Wrap Cell Content: IA

num1
88

图 6-6　例 6-6 的查询结果

6.1.2.2 在 FROM 中使用子查询

把内层的查询结果供外层再次查询，通常内层查询结果返回的是多个结果，可以把子查询结果看成一张表，给该表起别名后方便使用。一般格式如下。

```
SELECT 字段名
FROM 表名 1, (SELECT 字段名 2 FROM 表名 2) as 别名
WHERE 条件;
```

【例 6-7】在 stu_ms 数据库 Sc 表中用子查询查出两门成绩高于 80 分的学生的平均成绩，要求显现该学生的学号、年龄、系别和平均成绩。

```
use stu_ms;
select s.SNO, s.SAGE, s.SDEPT, e.s_average
from Student s
join(select SNO, avg(GRADE) as s_average
        from Sc
        where GRADE>80
        group by SNO
        having count( * )= 2)e
on s.SNO=e.SNO;
```

结果如图 6-7 所示。

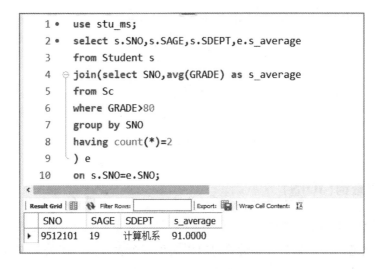

图 6-7 例 6-7 的查询结果

6.1.2.3 在 SELECT 语句中使用子查询

一般格式如下。

> SELECT 字段 1, (SELECT 字段名 2 FROM 表名 2 WHERE 条件) as 别名
> FROM 表名 1;

【例 6-8】在 stu_ms 数据库中查询教师信息，并显示教师所教授的课程名。

> use stu_ms;
> select e. *, (select d.CNAME from Course d
>   where d.TNO=e.TNO
>   ) as dCourse
> from Teacher e;

查询结果如图 6-8 所示。

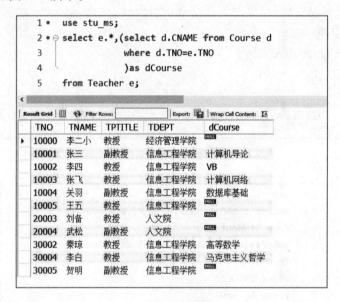

图 6-8 例 6-8 的查询结果

6.1.3 连接查询(JOIN)

连接是关系数据库模型的主要特点。连接查询是关系数据库中最主要的查询，主要包括内连接、外连接等。通过连接运算符可以实现多个表查询。在关系数据库管理系统中，表建立时各数据之间的关系不必确定，常把一个实体的所有信息存放在一个表中。当查询数据时，通过连接操作查询出存放在多个表中不同实体的信息。当两个或多个表中存在相同意义的字段时，便可以通过这些字段对不同的表进行连接查询。

6.1.3.1 内连接

内连接查询是最常用的查询,也称为等同查询。内连接的连接查询结果集中仅包含满足条件的行,在 MySQL 中默认的连接方式就是内连接。

一般格式如下。

> SELECT 查询字段 FROM 表 1[INNER]JOIN 表 2
>
> ON 表 1. 关系字段 比较运算符 表 2. 关系字段 WHERE 查询条件

(1)等值连接。

用来连接两个表的条件称为连接条件,如果连接条件中的连接运算符是"=",则称为等值连接。

【例 6-9】在 stu_ms 数据库中查询教师信息,并显示教师所教授的课程名称。

> use stu_ms;
>
> select e. * , d.CNAME
>
> from Teacher e join Course d
>
> on e.TNO=d.TNO;

查询结果如图 6-9 所示。

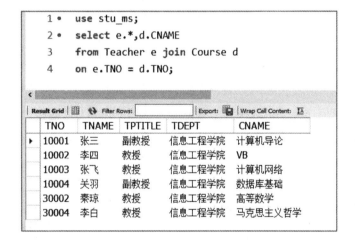

图 6-9 例 6-9 的查询结果

(2)非等值连接。

如果连接条件中的连接运算符不是"=",则称为非等值连接。

【例 6-10】在 stu_ms 数据库中查找出考试成绩高于 90 分的课程名称,要求显示课程名和成绩。

> use stu_ms;
>
> select a.CNAME, b.GRADE from Course a
>
> join Sc b on b.GRADE between 90 and 100 where a.CNO=b.CNO;

查询结果如图 6-10 所示。

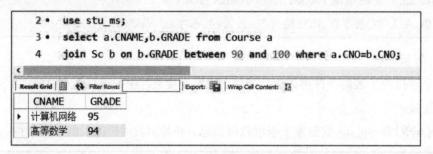

图 6-10　例 6-10 的查询结果

> **📖多学一招**
>
> BETWEEN AND 可以用来查询某个范围内的值,该操作符需要两个参数,即范围的开始值和结束值,如果字段值满足指定的范围查询条件,则这些记录被返回。MySQL 查询过程中经常要在一定范围内筛选某个属性或某个表达式结果,通常采用>, >=, <, <=等符号进行数据筛选,但>, >=, <, <=经常会和起始标志符冲突,所以需要进行转义,此时通常采用 BETWEEN 关键字。BETWEEN AND 是包含最大值和最小值本身的。

（3）自连接。

在查询时,将一张表看成两张表,根据查询条件将两张表进行连接,查询出结果。也可以理解为在等值连接中把目标列中重复的属性列去掉,为自连接。

【例 6-11】在 stu_ms 数据库中创建一张 emp 表,表结构如表 6-2 所示,并在 emp 表中插入表 6-3 所示的数据。请在 emp 表中查询员工的上级领导,要求显示员工名和对应的领导名。

表 6-2　emp 表结构

列名	说明	数据类型	约束
EMPNO	编号	int	主键
ENAME	姓名	varchar(10)	
MGR	领导编号	int	
DEPTNO	部门	int	

表 6-3　emp 插入的数据

EMPNO	ENAME	MGR	DEPTNO
7369	张三	7902	20
7902	李四	7906	20

表6-3(续)

EMPNO	ENAME	MGR	DEPTNO
7844	王麻子	7844	20
7906	小明	null	10

创建 emp 表，并插入表中数据。

```
create table emp(
    EMPNO int primary key,
    ENAME varchar(10),
    MGR int,
    DEPTNO int
);
insert into emp(EMPNO, ENAME, MGR, DEPTNO) values(7369,'张三',7902,
20);
    insert into emp(EMPNO, ENAME, MGR, DEPTNO) values(7902,'李四',7906,
20);
    insert into emp(EMPNO, ENAME, MGR, DEPTNO) values(7844,'王麻子',
7785,20);
    insert into emp(EMPNO, ENAME, MGR, DEPTNO) values(7906,'小明',null,
20);
```

查询员工名和对应的领导名。

```
select a.ENAME as'员工名', b.ENAME as'领导名'
from emp a join emp b
on a.MGR=b.EMPNO;
```

查询结果如图 6-11 所示。

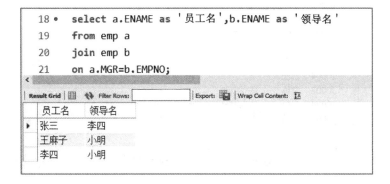

图 6-11　例 6-11 的查询结果

6.1.3.2 外连接

外连接可以查询两个或两个以上的表，外连接查询和内连接查询非常相似，也需要通过指定字段进行连接。内连接中仅保留匹配到的数据，而外连接中匹配不到的数据也会保留，其值为 NULL。

（1）左外连接。

包含所有左边表中的记录，不管右边表中是否有能匹配到的数据，若匹配不到数据用 NULL 代替显示。左外连接的语法格式如下。

> SELECT 查询字段 FROM 表 1 LEFT[OUTER]JOIN 表 2
> ON 表 1. 关系字段＝表 2. 关系字段 WHERE 查询条件;

在以上语法格式中，LEFT JOIN 表示返回左表中的所有记录及右表中符合连接条件的记录，OUTER 可以省略不写，ON 后面是两张表的连接条件，在 WHERE 关键字后面可以添加查询条件。

【例 6-12】在 stu_ms 数据库中，使用左外连接对 Teacher 表和 Course 表进行查询，其中 Student 表为左表，查询所有教师的标号和姓名及教授的课程。

> use stu_ms;
> select a.TNO, a.TNAME, b.CNAME from Teacher a
> left join Course b on a.TNO＝b.TNO;

查询结果如图 6-12 所示。

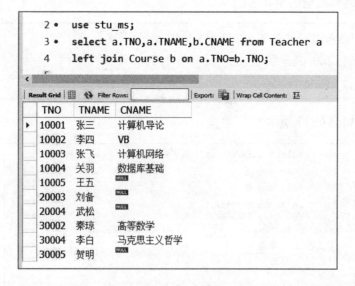

图 6-12　例 6-12 的查询结果

（2）右外连接。

包含所有右边表中的记录，不管左边表中是否有能匹配到的数据，若匹配不到数据用 NULL 代替显示。右外连接的语法格式如下。

> SELECT 查询字段 FROM 表 1 RIGHT［OUTER］JOIN 表 2
> ON 表 1. 关系字段＝表 2. 关系字段 WHERE 查询条件；

在以上语法格式中，RIGHT JOIN 表示返回右表中的所有记录及左表中符合连接条件的记录，OUTER 可以省略不写，ON 后面是两张表的连接条件，在 WHERE 关键字后面可以加查询条件。

【例 6-13】在 stu_ms 数据库中，使用右外连接对 Teacher 表和 Course 表进行连接，其中 Course 表为右表，查询所有课程的课号、课程名、教师编号和教师姓名。

> use stu_ms;
> select b.CNO，b.CNAME，a.TNO，a.TNAME from Teacher a
> right join Course b on a.TNO＝b.TNO；

查询结果如图 6-13 所示。

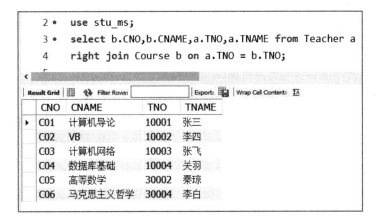

图 6-13　例 6-13 的查询结果

6.2　实验五：多表查询

6.2.1　实验预习

① 复习并掌握单表查询的方法。

② 理解表与表之间的关系。

③ 准备好上机所需要的学生选课数据库 stu_ms。

6.2.2 实验目的

① 掌握多表查询的意义。

② 掌握 UNION 合并结果集。

③ 掌握如何使用子查询。

④ 掌握连接查询方法。

⑤ 掌握实验内容中数据表的查询操作技巧和方法。

6.2.3 实验课时、环境及要求

实验课时：2 学时。

实验环境：Windows 操作系统，MySQL 8.0，MySQL Workbench 8.0，office 办公软件。

实验要求：

① 按照要求独立完成实验。

② 提交规范的实验报告。

6.2.4 实验内容

（1）准备实验环境：学生选课数据库 stu_ms。

（2）在数据库 stu_ms 中，按要求完成如下操作。

① 查询成绩等于 95 分的学生的信息，要求显示学生学号、姓名、性别和系别。

② 查询成绩比学号为 9521102 的学生选修的课号为 C05 的课程成绩高的学生的姓名、课号及成绩。

③ 查询秦琼教师任课的学生成绩。

④ 查询参加某课程考试的学生人数多于 5 人的教师姓名。

⑤ 查询存在 85 分以上成绩的学生姓名。

⑥ 查询出信息工程学院教师所教课程。

⑦ 查询选修了 C03 课程，且选修成绩比其选修 C02 课程的成绩高的学生的姓名、所在系。

⑧ 查询所有教师和学生的姓名。

⑨ 查询所有女学生的考试成绩。

⑩ 查询"高等数学"课程成绩比该门课程平均成绩低的学生的学号。

⑪ 查询所有任课教师的任教课程，显示教师姓名及课程名。

⑫ 查询所有未讲课的教师的 Tname 和 Tdept。

⑬ 查询 Student 表中年龄最大和年龄最小的同学的选修课程。

⑭ 查询职称为副教授的教师及其所上的课程。

⑮ 查询最高分学生的 Sno，Cno 和 Grade 列。

6.2.5 实验注意事项

完成数据的查询操作，需要在表上具有 SELECT 权限。

6.2.6 实验思考

① 如何实现多表查询？在什么关键词后指定连接条件？

② 等值连接如何实现？与外连接有何区别？

习题五

一、选择题

1. 以下双方之间属于一对多关系的是_____。

A. 老师-学生　　　　　　　　　　B. 用户-银行卡

C. 学科-课程　　　　　　　　　　D. 学生-语文成绩

2. 以下哪项用于显示内连接？_____

A. CROSS JOIN　　B. RIGHT JOIN　　C. LEFT JOIN　　D. INNER JOIN

3. 在一个查询中嵌套一个或多个查询，被嵌套的查询称为_____。

A. 子查询　　　　B. 主查询　　　　C. 相关查询　　　D. 非相关查询

4. 关于表的关系，正确的说法是_____。

A. 一个数据库服务器只能管理一个数据库，一个数据库只能包含一个表

B. 一个数据库服务器只能管理一个数据库，一个数据库可以包含多个表

C. 一个数据库服务器可以管理多个数据库，一个数据库只能包含一个表

D. 一个数据库服务器可以管理多个数据库，一个数据库可以包含多个表

5. 进行联合查询时，使用的关键字是_____。

A. CROSS　　　　B. AND　　　　　C. UNION　　　　D. WITH

6. 在 SQL 语言中，子查询是_____。

A. 选取单表中字段子集的查询语句

B. 选取多表中字段子集的查询语句

C. 返回单表中数据子集的查询语言

D. 嵌入另一个查询语句之中的查询语句

7. SELECT 查询中，INNER JOIN 实现两个表的内连接，对应的连接字段应出现在下

列哪个短语中？_____

A. WHERE   B. ON   C. HAVING   D. ORDER BY

8. 查找条件为"姓名不为 NULL"的记录是_____。

A. WHERE NAME ！NULL

B. WHERE NAME NOT NULL

C. WHERE NAME IS NOT NULL

D. WHERE NAME ！＝NULL

9. MySQL 中，子查询中可以使用运算符 ANY，它表示的意思是_____。

A. 至多一个值满足条件   B. 一个值都不用满足条件

C. 至少一个值满足条件   D. 所有的值都满足条件

10. 以下选项能成为子查询返回结果的是_____。

A. 一个表   B. 一个值   C. 一列数据   D. 一个表达式

11. 组合多条 SQL 查询语句形成组合查询的操作符是_____。

A. SELECT   B. ALL   C. LINK   D. UNION

12. 以下哪项用来分组？_____

A. ORDER BY   B. ORDERED BY   C. GROUP BY   D. GROUPED BY

13. 按照姓名降序排列_____。

A. ORDER BY DESC NAME   B. ORDER BY NAME DESC

C. ORDER BY NAME ASC   D. ORDER BY ASC NAME

14. SELECT COUNT(SAL)FROM EMP GROUP BY DEPTNO；意思是_____。

A. 求每个部门的工资   B. 求每个部门发放工资的多少

C. 求每个部门工资的总和   D. 求每个部门发放工资的人数

15. 以下表达降序排序的是_____。

A. ASC   B. DESC   C. ESC   D. DSC

16. 有三个表，它们的记录行数分别是 10 行、2 行和 6 行，三个表交叉连接后，结果集中共有_____行数据。

A. 120   B. 18   C. 26   D. 不确定

17. SELECT 语句中的 JOIN 用来实现多个表的连接查询，JOIN 应放在下列哪个短语之后？_____

A. FROM   B. WHERE   C. ON   D. GROUP BY

18. 以下语句不正确的是_____。

A. select * from emp;

B. select ename, hiredate, sal from emp;

C. select * from emp order deptno;

D. select * from where deptno＝1 and sal<300;

19. 以下哪项用于左外连接？_____

A. JOIN   B. RIGHT JOIN   C. LEFT JOIN   D. INNER JOIN

20. 数据库中有 A 表，包括学生、学科、成绩三个字段，数据库结构为

学生	学科	成绩
张三	语文	60
张三	数学	100
李四	语文	70
李四	数学	80
李四	英语	80

统计最高分>80 的学科用_____。

A. SELECT MAX(成绩)FROM A GROUP BY 学科 HAVING MAX(成绩)>80

B. SELECT 学科 FROM A GROUP BY 学科 HAVING 成绩>80

C. SELECT 学科 FROM A GROUP BY 学科 HAVING MAX(成绩)>80

D. SELECT 学科 FROM A GROUP BY 学科 WHERE MAX(成绩)>80

二、判断题

1. 多表查询不需要设定表间的连接条件。（   ）

2. 检测子查询的结果集是否包含记录，使用运算符 EXISTS。（   ）

3. 在使用量词的子查询中，ANY，SOME，ALL 的作用完全一样。（   ）

4. 没有联系的两个表之间也可以实现连接查询。

5. 内连接查询 INNER JOIN 可以获得两个表中连接字段值相等的所有记录。

（   ）

6. 使用 EXISTS 实现子查询时，必须使用内、外查询的相同意义的列进行比较运算。

（   ）

7. 连接查询中，使用 ON 指定两个表之间的连接条件。（   ）

8. ORDER BY 可以对查询结果进行排序，ASC 为降序，DESC 为升序。（   ）

9. 使用 WHERE fieldname NOT IN(   )构成条件查询，括号中只能有一个值。

（   ）

10. SELECT 语句是 SQL 的核心语句，它完成查询功能。（   ）

三、综合应用题

创建新的数据库 ex，并在该数据库中创建如下四张表。

（1）学生表：student(学号 sid，姓名 sname，年龄 age，性别 sex)，其中学号字段为主键，姓名非空，性别取值"男"或"女"，年龄大于 0。

（2）教师表：teacher(教师编号 tid，姓名 tname)，其中教师编号字段为主键，姓名不为空。

（3）课程表：course(课程编号 cid，课程名称 cname，教师编号 tid)，其中课程编号为

主键,课程名称不为空,教师编号为外键。

(4)成绩表:sc(学号 sid,课程编号 cid,成绩 score),其中学号为主键,引用 student 表的外键,课程编号为主键,引用 course 表的外键。

四张表中插入的数据如表 6-4 至表 6-7 所示。

表 6-4　学生表数据

学号	姓名	年龄	性别
1001	张志	22	男
1002	张浩	20	女
1003	王五	15	男
1004	马晓丽	16	女
1005	孙武	18	男
1006	钱多多	24	女

表 6-5　教师表数据

教师编号	教师姓名
1	李三
2	李四
3	胡六
4	朱大标
5	赛西西

表 6-6　课程表数据

课程编号	课程名称	教师编号
001	PHP	1
002	C	2
003	C++	3
004	JAVA	4
005	Python	5

表 6-7　成绩表数据

学号	课程编号	成绩
1001	001	89
1002	001	80
1003	001	45
1004	001	78
1005	001	23
1001	002	90

表6-7(续)

学号	课程编号	成绩
1002	002	78
1003	002	90
1004	002	97
1005	002	94
1001	003	89
1002	003	87
1003	003	67
1004	003	74
1005	003	69
1001	004	87
1002	004	64
1003	004	73
1004	004	98
1005	004	90
1001	005	91
1002	005	93
1003	005	68
1004	005	87
1005	005	98

问题:

① 查询男生、女生的人数。

② 查询平均成绩大于70分的学生的学号和平均成绩。

③ 查询所有学生的学号、姓名、选课数、总成绩。

④ 查询姓李的老师的人数。

⑤ 查询学过朱大标老师课的学生的学号、姓名。

⑥ 查询没学过李四老师课的学生的学号、姓名。

⑦ 查询课程编号002的成绩比课程编号001低的所有学生的学号、姓名。

⑧ 查询学过李四老师所教全部课程的学生的学号、姓名。

⑨ 删除赛西西老师所教课的成绩表记录。

第7章　视图与索引

7.1　关键知识点

7.1.1　视图

从用户的角度来看，一个视图是从一个特定的角度查看数据库中的数据。视图是数据库的另一种对象，它的结构与基本表一样，都是二维表，有列名和若干行数据。但视图是一个虚拟表，数据库中只存放视图的定义，不存放数据，它的数据来自一个或多个基本表，其内容由 SELECT 定义。视图的作用类似于筛选，通过视图可以将用户关心的数据显示出来，而不关心的数据则不用显示。视图一经定义，就可以像操作基本表一样，对其进行查询、插入、修改和删除操作。还可以在一个视图上再定义新的视图。但对视图的更新操作(增、删、改)有一定的限制。

与直接操作基本表相比，使用视图具有以下优点：一是简化用户的查询操作，使查询更加方便快捷；二是提高数据的安全性，能够更加方便地进行权限控制，使特定用户只能查询和修改他们能见到的数据，而其他数据既看不到也获取不到；三是可以屏蔽基本表结构变化带来的影响，提供了一定程度的逻辑数据独立性，使应用程序无须随基本表结构的变化而变化。

7.1.1.1　创建视图

在 MySQL 中创建视图使用 CREATE VIEW 语句，基本语法格式如下。

```
CREATE[ OR  REPLACE ][ ALGORITHM ] = { UNDEFINED | MERGE | TEMPT-
ABLE } ]
    VIEW view_name[ ( column_list ) ]
    AS select_statement
    [ WITH[ CASCADED|LOCAL ] ]CHECK OPTION]
```

在以上的语法格式中，创建视图的语句由多条子句构成。接下来对该语法格式中的每个部分进行详细解析，具体如下。

122

① CREATE：创建新的视图。

② REPLACE：若给定了此子句，表示替换已经创建的视图。

③ ALGORITHM：可选参数，表示视图的算法，可选择 UNDEFINED，MERGE 和 TEMPTABLE。

④ UNDEFINED：MySQL 将自动选择使用的算法。

⑤ MERGE：将使用的视图语句与视图定义合并，使得视图定义的某一部分取代语句对应的部分。

⑥ TEMPTABLE：将视图的结果存入临时表，然后用临时表执行语句。

⑦ view_name：视图的名称。

⑧ column_list：可选参数，表示属性列。

⑨ AS：指定视图要执行的操作。

⑩ select_statement：表示从某个表或视图中查出满足条件的记录，将这些记录导入视图中。

⑪ WITH CHECK OPTION：可选参数，表示视图在更新时保证在视图的操作权限范围内。

⑫ CASCADED：更新视图时要满足所有相关视图和表的条件。

⑬ LOCAL：更新视图时满足该视图本身定义的条件。

视图可以建立在一张表上，也可以建立在多张表上。

（1）在单表上创建视图。

MySQL 可以在单个数据表上创建视图。

【例 7-1】stu_ms 数据库中，在 Student 表上创建一个视图 Student_view，显示计算机系学生信息。

```
use stu_ms;
create view Student_view
as
select * from Student where SDEPT='计算机系';
```

结果如图 7-1 所示。

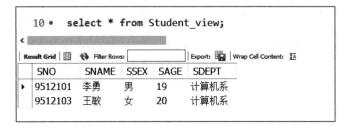

图 7-1　例 7-1 结果

(2)在多表上创建视图。

除了在单表上创建视图，MySQL 中还可以在两个及以上的基本表上创建视图。

【例 7-2】stu_ms 数据库中，在表 Teacher 和表 Course 上创建视图 Teacher_Course_view，显示教师姓名、所在部门、教授课程和课程学期。

```
use stu_ms;
create view Teacher_Course_view(TNAME, TDEPT, CNAME, SEMSTER)
as
select a.TNAME, a.TDEPT, b.CNAME, b.SEMSTER
from Teacher a, Course b where a.TNO=b.TNO;
```

结果如图 7-2 所示。

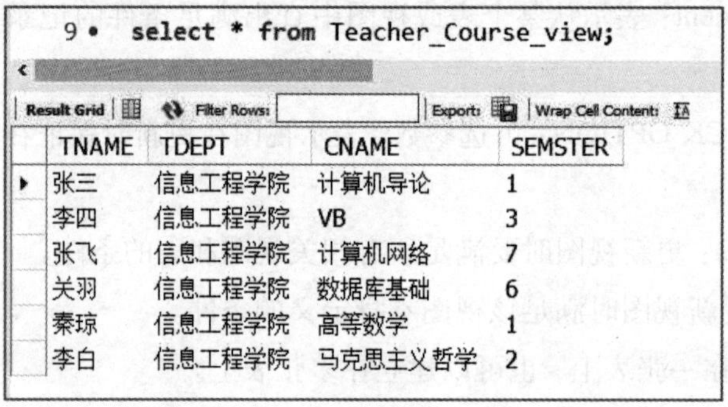

TNAME	TDEPT	CNAME	SEMSTER
张三	信息工程学院	计算机导论	1
李四	信息工程学院	VB	3
张飞	信息工程学院	计算机网络	7
关羽	信息工程学院	数据库基础	6
秦琼	信息工程学院	高等数学	1
李白	信息工程学院	马克思主义哲学	2

图 7-2　例 7-2 结果

7.1.1.2　查看视图

查看视图，是指查看数据库中已经存在的视图的定义。查看视图必须具有 SHOW VIEW 权限。查看视图的方式有 3 种。

(1)查看视图的字段信息。

使用 DESCRIBE 语句不仅可以查看数据表的字段信息，还可以查看视图的字段信息。具体语法格式如下。

```
DESCRIBE 视图名;
```

【例 7-3】使用 DESCRIBE 语句查看 Student_view 视图的字段信息。

```
describe Student_view;
```

结果如图 7-3 所示。

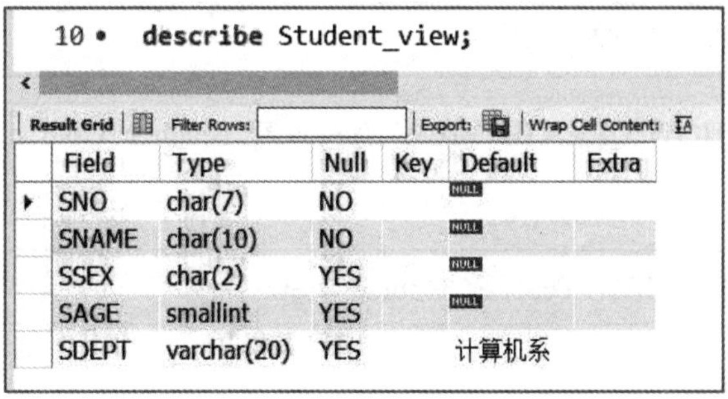

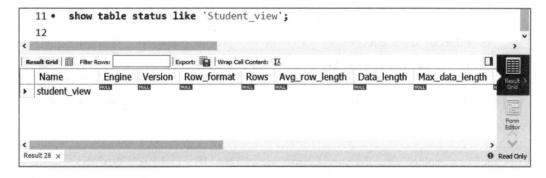

图 7-3 用 DESCRIBE 语句查看视图的字段信息

📖多学一招

DESCRIBE 语句与查询数据表的字段信息的语句类似，也可以简写为 DESC，具体语法格式如下。

> DESC 视图名；

（2）查看视图的状态信息。

MySQL 提供的 SHOW TABLE STATUS 语句不仅可以查看数据表的状态信息，还可以查看视图的状态信息。具体语法格式如下。

> SHOW TABLE STATUS LIKE '视图名'；

【例 7-4】使用 SHOW TABLE STATUS 语句查看 Student_view 视图的基本信息。

> show table status like' Student_view'；

结果如图 7-4 所示。

图 7-4 例 7-4 结果

（3）查看视图的创建语句。

使用 SHOW CREATE VIEW（或 SHOW CREATE TABLE）语句查看创建视图时的定义语句、视图的名称及视图的字符编码等信息。具体语法格式如下。

SHOW CREATE VIEW 视图名;

【例 7-5】使用 SHOW CREATE VIEW 语句查看 Teacher_Course_view 视图的基本信息。

SHOW CREATE VIEW Teacher_Course_view;

结果如图 7-5 所示。

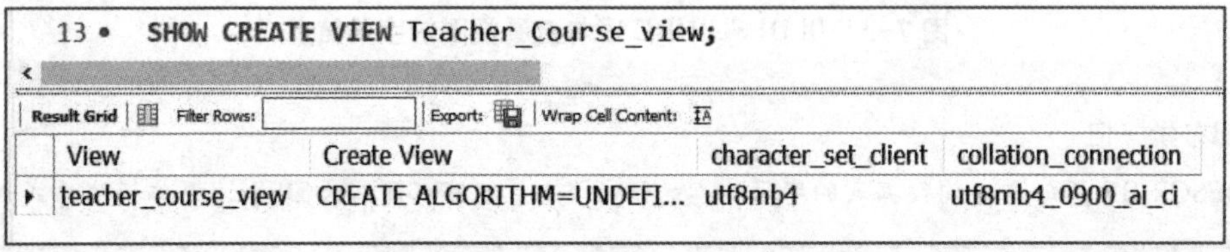

图 7-5 例 7-5 结果

7.1.1.3 修改视图定义

修改视图是指修改数据库中已存在的视图的定义。当基本表的某些字段发生改变时,可以通过修改视图保持视图与基本表之间的一致性。在 MySQL 中,可以通过 CREATE OR REPLACE VIEW 语句或 ALTER VIEW 语句修改视图。

(1)使用 CREATE OR REPLACE VIEW 语句修改视图。

通过 CREATE OR REPLACE VIEW 语句可以在创建视图时替换已有的同名视图;若不存在同名视图,则新建一个视图。具体语法格式如下。

CREATE[OR REPLACE][ALGORITEM = {UNDEFINED | MERGE | TEMPT-ABLE}]
VIEW view_name[(column_list)]
AS SELECT_statement
[WITH[CASCADED|LOCAL]CHECK OPTION]];

【例 7-6】使用 CREATE OR REPLACE VIEW 语句将 Teacher_Course_view 视图修改为只保留 3 列。

create or replace view Teacher_Course_view(TNAME, TDEPT, CNAME)
as
select TNAME, TDEPT, CNAME from Teacher, Course;

使用 SELECT 语句查看视图,查询结果如图 7-6 所示。

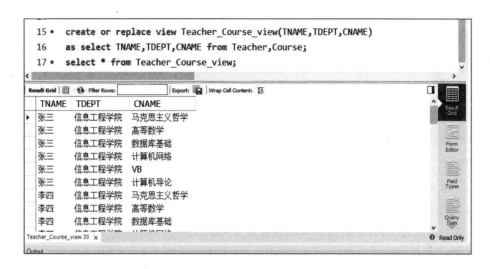

图 7-6　例 7-6 结果

（2）使用 ALTER VIEW 语句修改视图。

使用 ALTER VIEW 语句可以对已有的视图进行修改，具体语法格式如下。

ALTER[ALGORITHM = {UNDEFINED | MERGE | TEMPTABLE}]

VIEW view_name[(column_list)]

AS SELECT_statement

[WITH[CASCADED | LOCAL]CHECK OPTION];

【例 7-7】使用 ALTER 语句将 Student_view 视图修改为只显示学生的学号和姓名。

alter view Student_view

as select SNO, SNAME from Student;

使用 SELECT 语句查询修改后的结果如图 7-7 所示。

图 7-7　例 7-7 结果

127

7.1.1.4 视图数据更新

视图数据更新就是通过视图来添加、删除、修改基本表中的数据。由于视图是一个虚拟表，不保存数据，因此对视图数据的更新最终要通过视图消解转换为对基本表的更新。

为防止用户通过视图对数据进行增加、删除、修改和不经意地对不属于视图范围内的基本表数据进行操作，可在定义视图时加上 WITH CHECK OPTION 子句。这样在视图上增、删、改数据时，关系数据库管理系统会检查视图定义中的条件，若不满足条件则拒绝执行该操作。

（1）使用 UPDATE 语句更新视图。

使用 UPDATE 语句可以通过视图修改基本表中的数据，具体语法格式如下。

> UPDATE 视图名 SET 字段名1＝值1[，字段名2＝值2，……]
> [WHERE 条件表达式]；

在以上语法格式中，字段名用于指定要更新的字段名称；值用于表示字段更新的数据，如果需要更新多个字段的值，可以用逗号分隔多个字段和值；[WHERE 条件表达式]是可选的，用于指定更新数据需要满足的条件。

【例7-8】使用 UPDATE 语句将 Student_view 视图中的学生姓名张海改为张大海。

> update view Teacher_Course_view set SNAME＝'张大海'
> where SNO＝9521103；

（2）使用 INSERT 语句更新视图。

使用 INSERT 语句可以通过视图向基本表添加数据，具体语法格式如下。

> INSERT INTO 视图名 VALUES(值1，值2，)；

在以上语法格式中，值1、值2等是每个字段要添加的数据，每个值的顺序和类型必须与视图中字段的顺序和类型对应。

【例7-9】使用 INSERT 语句向 Student_view 视图中插入数据：学号为95211111，姓名为肖志。

> insert into Student_view values(9521111，'肖志')；

查询视图，结果如图7-8所示。

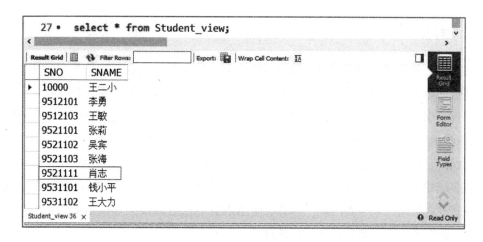

图 7-8　例 7-9 结果

（3）使用 DELETE 语句更新视图。

使用 DELETE 语句可以通过视图删除基本表中的数据，具体语法格式如下。

DELETE FROM 表名［WHERE 条件表达式］;

在以上语法格式中，［WHERE 条件表达式］是可选的，用于指定删除数据满足的条件。通过 DELETE 语句可以删除全部数据或者部分数据。

【例 7-10】使用 DELETE 语句删除 Student_view 视图中学号为 9521111 的数据。

delete from Student_view where SNO = 9521111;

7.1.1.5　删除视图

当不再需要视图时，可以将其删除。删除视图只能删除视图的定义，不会删除基本表中的数据。删除一个或多个视图使用 DROP VIEW 语句，执行该语句要求用户必须拥有 DROP 权限。删除视图的基本语法格式如下。

DROP VIEW IF EXISTS 视图名_列表

① IF EXISTS：该参数用于判断视图是否存在，如果存在则执行，不存在则不执行。

② 视图名_列表：该参数表示要删除的视图的名称和列表，如果有多个视图，则各视图名称之间可以用逗号隔开。

【例 7-11】删除创建的视图 Teacher_Course_view。

drop view if exists Teacher_Course_view;

7.1.2 索引

索引是一种特殊的数据结构，包括表中一列或若干列的值及相应的指向表中物理标识这些值的数据页的逻辑指针清单，可以用来快速查询数据表中有某一特定值的记录。

通过索引，查询数据时不用读完记录的所有信息，而只需要查询索引列。没有索引，MySQL 会从第一条记录开始，逐行读取信息并匹配，直到找到相关的行。表越大，花费的时间越多。可以把索引比作字典的音序表。例如，要查"库"字，如果不使用音序，就需要在字典中逐页找。但是，如果提取拼音，构成音序表，就只需要从 10 多页的音序表中直接查找，从而大大节省时间。因此，使用索引不仅可以很大程度地提高数据库的查询速度，还能有效地提高数据库系统的性能。

索引有其明显的优势，也有其不可避免的缺点。索引的优点如下。

① 通过创建唯一索引可以保证数据库表中每一行数据的唯一性。

② 可以给所有的 MySQL 列类型设置索引。

③ 可以大大加快数据的查询速度，这是使用索引最主要的原因。

④ 在实现数据的参考完整性方面可以加速表与表之间的连接。

⑤ 在使用分组和排序子句进行数据查询时也可以显著减少查询中分组和排序的时间。

增加索引也有许多不利的方面，主要如下。

① 创建和维护索引组需要耗费时间，并且随着数据量的增加耗费的时间也会增加。

② 索引需要占磁盘空间，除了数据表占数据空间以外，每一个索引还要占一定的物理空间。如果有大量的索引，索引文件可能比数据文件更快达到最大文件尺寸。

③ 当对表中的数据进行增加、删除和修改的时候，索引也要动态维护，这样就降低了数据的维护速度。

因此，使用索引时需要综合考虑索引的优点和缺点。

7.1.2.1 在 MySQL Workbench 中使用界面方式管理索引

在修改基本表界面，单击选择 indexes 选项卡，打开如图 7-9 所示的索引管理界面，可以创建、修改、删除索引。

（1）创建索引。

创建索引的具体步骤如下。

① 在图 7-9 中"①"处双击 Index Name 下方的单元格，输入索引名并选择索引类型。其中索引的类型主要有以下几种。

• INDEX：普通索引，是最基本的索引，没有任何限制。

• UNIQUE：唯一索引，索引列的值必须唯一，但允许有空值。如果是组合索引，则列值的组合必须唯一。

• FULLTEXT：全文索引，主要用来查找文本中的关键字，而不是直接与索引中的值

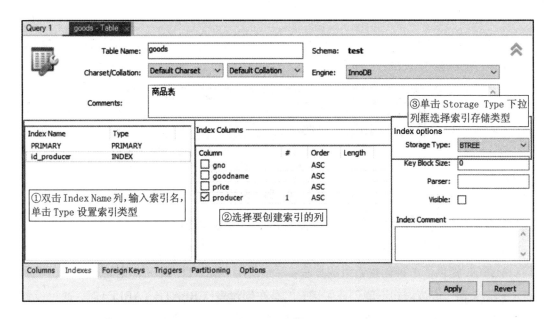

图 7-9　管理索引

相比较。与其他索引不一样的是，它更像一个搜索引擎，而不是简单的 where 语句的参数匹配。

● SPATIAL：空间索引，是对空间数据类型的字段建立的索引，MySQL 中的空间数据类型有 4 种，分别是 GEOMETRY，POINT，LINESTRING，POLYGON。只有 MyISAM 类型的表支持该类型"空间索引"，而且索引字段必须有非空约束。

● PRIMARY：主键索引，是一种特殊的唯一索引，一个表只能有一个主键，不允许有空值。一般在建表的同时创建主键索引。

② 输入索引名后，在中间的 Index Columns 列表中会自动显示当前表中的所有列名，单击选择要创建索引的列。

③ 在右侧 Index Options 中单击 Storage Type 下拉列框设置存储类型。BTREE 索引是 MySQL 中默认和使用最为频繁的索引类型，它将索引值按一定的算法，存入一个树形的数据结构中（二叉树），每次查询都从树的入口 root 开始，依次遍历 node，获取 leaf。除了 Archive 存储引擎之外的其他所有的存储引擎都支持 BTREE 索引。BTREE 索引的存储结构在数据库的数据检索中有非常优异的表现。

④ 单击"Apply"按钮创建索引。

（2）修改索引。

修改索引，可以修改索引的名字、类型、索引引用字段和索引参数等。

在 MySQL Workbench 中打开如图 7-9 所示的索引管理界面，像创建索引一样，修改已有索引的参数。

（3）删除索引。

在如图 7-9 所示的索引管理界面中，右键单击索引，在弹出菜单中选择 Delete Selected 即可删除索引（如图 7-10 所示）。

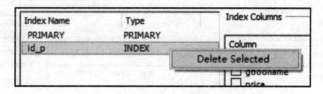

图 7-10　删除索引

7.1.2.2　在 MySQL Workbench 中使用 SQL 命令管理索引

（1）使用命令方式创建索引。

MySQL 提供了三种创建索引的方法：一是使用 CREATE INDEX 语句在一个已有的表上创建索引，但该语句不能创建主键；二是在创建表（CREATE TABLE）时，通过设置主键（Primary Key）、唯一键（Unique）、外键（Primary Key）、普通索引（Index）创建索引；三是使用 ALTER TABLE 语句在修改表结构的同时创建索引。

① 普通索引。这是最基本的索引，没有唯一性的限制。创建一般索引格式为

> CREATEE INDEX 索引名 ON 表名（列名）

或者

> ALTER TABLE 表名 ADD INDEX 索引名（列名）

【例 7-12】在 stu_ms 数据库中，为 Teacher 表中 TNAME（教师姓名）创建一个索引，索引名为 TNAME_index。

> use stu_ms；
> create index TNAME_index on Teacher（TNAME）；

② 唯一索引。唯一索引是指索引列中的值是唯一的，不能重复，但是允许有空值存在的情况。创建唯一索引格式为

> CREATE UNIQUE INDEX 索引名 ON 表名（列名）

或者

> ALTER TABLE 表名 ADD UNIQUE INDEX 索引名（列名）

【例 7-13】在 stu_ms 数据库中，为 Teacher 表 TNAME 列创建名为 TNAME_index1 的唯一索引。

```
create unique index TNAME_index1 on Teacher(TNAME);
```

③ 主键索引。如果在创建表时，指定了表中的主键，系统将自动创建主键索引。由于主键中的值是唯一的，因此可以将主键索引理解为唯一索引的一种特殊情况。当在查询中使用主键时，它还允许对数据快速访问。创建主键索引的语法格式如下。

```
alter table 表名 add primary key(列名);
```

【例 7-14】为 Teacher 表 TNO 字段创建主键索引。

```
alter table Teacher add primary key(TNO);
```

④ 组合索引。为进一步提高 MySQL 的检索效率，可以对两列或更多列的组合创建索引。在创建组合索引时需要特别考虑列的顺序，对索引中的所有列执行搜索或仅对前几列执行搜索时，组合索引非常有效；但是对后面的任意列进行搜索时，组合索引无效。组合索引语法格式为

```
CREATEE INDEX 索引名 ON 表名(列名1, 列名2…列名n)
```

【例 7-15】在 stu_ms 数据库中，为 Teacher 表中的 TNAME(教师姓名)、TPTITLE(职称)字段创建名为 com_index 的组合索引。

```
create index com_index on Teacher(TNAME, TPTITLE);
```

⑤ 全文索引。通过数值比较、范围过滤等就可以满足绝大多数查询需求，但如果希望通过关键字的匹配进行查询过滤，那么就需要基于相似度的查询，而不是用原来的精确数值进行比较。全文索引就是为这种场景设计的。全文索引的一般格式为

```
GREATE FULLTEXT 索引名 ON 表名(列名)
```

或者

```
ALTER TABLE 表名 ADD FULLTEXT 索引名(列名)
```

【例 7-16】在 stu_ms 数据库中，为 Teacher 表中的 TNAME(教师姓名)字段添加名为 TNAME_fulltext 的全文索引。

```
create fulltext index TNAME_fulltext on Teacher(TNAME);
```

(2)使用命令方式修改索引。

利用 SQL 命令修改索引可以通过先删除原索引，再根据需要创建一个同名的索引，

实现修改索引的操作。

（3）使用命令方式删除索引。

创建索引后，如果用户不再使用该索引，可以删除指定的索引。删除索引语法格式为

> DROP INDEX 索引名 ON 表名；

或者

> ALTER TABLE 表名 DROP INDEX 索引名；

如果表中某列设置了索引，那么删除该列索引也会受到影响。对于多列组合索引，若删除其中的某列，则该列也会从索引中删除。若删除组成索引的所有列，则整个索引将被删除。

【例 7-17】删除 Teacher 表中的索引 TNAME_index。

> drop index TNAME_index on Teacher；

（4）使用命令方式查看索引。

在实际使用索引的过程中，为了进一步了解表中已设置索引的情况，有时需要对表中索引信息进行查询。查询时使用 SHOW 命令，一般语法格式如下。

> SHOW INDEX FROM 表名；

说明：系统会自动为主键列创建一个索引，主键索引默认名为 PRIMARY。系统也会为带 UNIQUE 约束的字段创建一个唯一性索引。

【例 7-18】使用 show 命令查看例 7-13 中创建的 TNAME_index1 索引。

> show indexes from TNAME_index1；

7.2　实验六：视图与索引

7.2.1　实验预习

① 复习并掌握视图和索引的概念。

② 熟悉视图和索引的作用。

③ 准备好上机所需要的学生选课数据库 stu_ms。

7.2.2　实验目的

① 理解视图的概念。

② 掌握视图的使用方法。

③ 掌握创建、更改视图的方法。

④ 熟练掌握建立与删除索引的方法。

7.2.3　实验课时、环境及要求

实验课时：2 学时。

实验环境：Windows 操作系统，MySQL 8.0，MySQL Workbench 8.0，office 办公软件。

实验要求：

① 按照要求独立完成实验。

② 提交规范的实验报告。

7.2.4　实验内容

(1)准备实验环境：使用实验三中创建的数据库备份恢复学生选课数据库 stu_ms。

(2)在数据库 stu_ms 中，按要求完成如下操作。

① 分别为 Student 表和 Course 表创建主键索引。

② 使用 MySQL 语句为 Course 表的课程号列创建唯一索引。

③ 为 Sc 表的学号和课程号字段创建一个复合索引，命名为 Sc_SNO_CNO_view。

④ 分别使用 MySQL 命令查看 Sc 表和 Student 表上的索引信息。

⑤ 以 Student 表为基础，建立名为 Student_view 的视图，显示学生的学号、姓名、性别和年龄。

⑥ 创建一个名为 Student_Average_view 的视图，显示学生的学号、姓名、平均成绩，并使用视图查询学号为 9531101 学生的情况。

⑦ 基于 Student 表、Course 表和 Sc 表，建立一个名为 S_C_SC_view 的视图，视图包含所有学生的学号、姓名、课程名称、分数。并使用视图 S_C_SC_view 查询学号为 9512101 的学生的所有课程与成绩。

⑧ 使用视图 Student_view 为 Student 表添加一行数据：学号=9512100、姓名=陈强、性别=男。

⑨ 使用视图 Student_view 将陈强的年龄修改为 20 岁，并通过 Student 表查询陈强的个人信息。理解"对视图的操作最终会转换为对基本表的操作"的含义。

⑩ 利用视图 Student_view 删除学号为 9512100 的学生的记录。删除后检查 Student

表中是否还存在该生的信息。

⑪ 删除创建的所有视图。

⑫ 删除 Course 表课程号所在列的唯一索引。

7.2.5 实验注意事项

① 创建视图时，当前用户必须具有创建视图的权限，同时应具有查询涉及列的 SE-LECT 权限。建议以 root 用户进行操作。

② 如果视图所基于的数据库被删除了，那么该视图也不能使用。

7.2.6 实验思考

① 视图对应关系数据库三级模式结构中的什么模式？与基本表有何不同？

② 什么时候需要创建索引？哪些列上适合创建索引？

习题六

一、选择题

1. 视图是一个"虚表"，视图的构造基于_____。

A. 基本表　　　　B. 视图　　　　C. 基本表或视图　　D. 数据字典

2. 在 MySQL 中，删除视图用_____命令。

A. DROP SCHEMA　　　　　　B. CREATE TABLE

C. DROP VIEW　　　　　　　D. DROP INDEX

3. 在视图上不能完成的操作是_____。

A. 查询　　　　　　　　　　B. 在视图上定义新的视图

C. 更新视图　　　　　　　　D. 在视图上定义新的表

4. UNIQUE 唯一索引的作用是_____。

A. 保证各行在该索引中的值都不重复

B. 保证各行在该索引中的值都不得为 NULL

C. 保证参加唯一索引的各列，不得再参加其他的索引

D. 保证唯一索引不能被删除

5. 视图的作用包括_____。

A. 使操作变得简单　　　　　　B. 提高数据的逻辑独立性

C. 增强数据的安全性　　　　　D. 以上全部都是

6. 可以使用_____查看视图 course_view 的创建语句。

A. desc course_view　　　　　B. show create view course_view

C. describe course_view　　　　　　　　D. show table status like 'course_view'

7. 下面关于创建和管理索引的描述中正确的是_____。

A. 创建索引是为了便于全表扫描

B. 索引会加快 DELETE，UPDATE 和 INSERT 语句的执行速度

C. 索引被用于快速找到想要的记录

D. 大量使用索引可以提高数据库的整体性能

8. 可以在创建表时用_____来创建唯一索引，也可以用_____来创建唯一索引。

A. Create table　　Create index　　　　B. 设置主键约束　设置唯一约束

C. 设置主键约束　　Create index　　　　D. 以上都可以

9. 为数据表创建索引的目的是_____。

A. 提高查询的检索性能　　　　　　　　B. 归类

C. 创建唯一索引　　　　　　　　　　　D. 创建主键

10. 在 SQL 语言中的视图 VIEW 是数据库的_____。

A. 外模式　　　　B. 存储模式　　　　C. 模式　　　　D. 内模式

11. 视图是一种常见的数据对象，它是提供_____和_____数据的另一种途径，可以简化数据库操作。

A. 插入　更新　　　　　　　　　　　　B. 查看　检索

C. 查看　存放　　　　　　　　　　　　D. 检索　插入

12. 关系数据库中，主键_____。

A. 允许空值　　　　　　　　　　　　　B. 只允许以表中第一字段建立

C. 可以有多个　　　　　　　　　　　　D. 可以标识表中的一个实体

13. 创建视图的命令是_____。

A. ALTER VIEW　　　　　　　　　　　B. ALTER TABLE

C. CREATE TABLE　　　　　　　　　　D. CREATE VIEW

14. 在 SQL 中，DROP INDEX 语句的作用是_____。

A. 建立索引　　　　B. 删除索引　　　　C. 修改索引　　　　D. 更新索引

15. 使用 CREATE VIEW 创建视图时，如果给定了_____子句，能替换已有的视图。

A. ALL REPLACE　　　　　　　　　　　B. OR REPLACE

C. REPLACE　　　　　　　　　　　　　D. REPLACE ALL

16. 以下关于创建索引的描述错误的是_____。

A. 可以在创建表的同时创建索引，也可以在已有表上创建索引

B. 创建唯一性约束的同时，会自动创建一个唯一性索引

C. 在已有表上创建索引可以使用命令 creat index 索引名 on 表名

D. 可以在所有类型的字段上创建全文索引

17. 在 MySQL 中，设有表 department1（d_no, d_name），其中 d_no 是该表的唯一索引。那么先执行 replace into department1（d_no, d_name）values（'0004'，'英语系'）语句，再执行 insert into department1（d_no, d_name）values（'0004'，'数学系'）语句，出现的结果为_____。

A. 出错，错误原因是语句书写错误

B. 不出错，插入的记录为（0004，外语系）

C. 出错，错误原因是唯一索引不能重复

D. 不出错，插入的记录为（0004，数学系）

18. 索引可以提高_____操作的效率。

A. insert   B. update   C. delete   D. select

19. 下列_____方法不能用于创建索引。

A. 使用 Create table 语句   B. 使用 Create index 语句

C. 使用 Alter table 语句   D. 使用 Create database 语句

20. 以下关于索引的描述正确的是_____。

A. 一个数据库表只能创建一个索引

B. 索引的关键字只能是表中的一个字段

C. 索引需要额外的存储空间

D. 数据库中同一个索引允许有多个关键字，每个关键字可以来自不同的表

二、判断题

1. 索引可以帮助数据库用户快速找出相关记录，所以表中的索引越多越好。
（   ）

2. 建立索引的目的在于加快查询速度及约束输入的数据。（   ）

3. 创建唯一性索引的字段值必须是唯一的，且不允许有空值。（   ）

4. MySQL 支持全文索引，在大量的字符中查询信息时，使用全文索引可以提升字符串的检索效率。（   ）

5. 创建主键约束的同时，会自动创建主键索引。（   ）

6. 如果在排序和分组的对象上建立索引，可以极大地提高速度。（   ）

7. 索引如同书的目录一样，不会占用存储空间。（   ）

8. 在 SQL 所支持的数据库系统的三级模式结构中，视图属于内模式。（   ）

9. 视图中也存有数据。（   ）

10. 视图兼有表和查询的特点。（   ）

三、综合应用题

创建学生成绩数据库(xscj),在数据库中创建 student,score,course,teacher 四张数据表,表结构分别如表 7-1 至表 7-4 所示,并在对应的表中分别插入表 7-5 至表 7-8 中的数据。

表 7-1   student 表

字段名	数据类型	主键	非空	唯一	自增	说明
s_no	char(11)	是	是	是	是	学生学号
s_name	varchar(50)	否	是	否	否	学生姓名
s_sex	char(2)	否	否	否	否	性别
s_bir	date	否	否	否	否	出生日期
phone	varchar(13)	否	否	是	否	电话
email	varchar(50)	否	否	是	否	电子邮件

表 7-2   score 表

字段名	数据类型	主键	非空	唯一	自增	说明
s_no	char(11)	是	是	否	否	学生学号
c_no	char(13)	是	是	否	否	课程编号
daily	smallint	否	否	否	否	平时成绩
final	smallint	否	否	否	否	结业成绩

表 7-3   course 表

字段名	数据类型	主键	非空	唯一	自增	说明
c_no	char(13)	是	是	否	否	课程编号
c_name	varchar(50)	否	否	否	否	课程名称
t_no	char(10)	是	是	否	否	教师编号
hour	smallint	否	否	否	否	学分
week	int(2)	否	否	否	否	教学周
semester	int(1)	否	否	否	否	开课学期

表 7-4   teacher 表

字段名	数据类型	主键	非空	唯一	自增	说明
t_no	char(10)	是	是	是	否	教师号
t_name	varchar(10)	否	是	否	否	教师姓名
major	char(10)	否	否	否	否	专业
prof	char(6)	否	否	否	否	职称
department	char(10)	否	否	否	否	院系

表7-5　student 表记录

s_no	s_name	s_sex	s_bir	phone	email
212221320	张越	男	2001/3/4	13245678547	12020@qq.com
212221321	赵峰	男	2001/3/8	13245678548	12021@qq.com
212221322	王伟	男	2001/4/3	13245678549	12022@qq.com
212221323	李四	男	2002/11/4	13245678510	12023@qq.com
212221324	王三	女	2002/5/7	13245678511	12024@qq.com
212221325	李浩	男	2003/4/5	13245678512	12025@qq.com
217221506	赵肖	男	2002/3/6	13245678513	12026@qq.com
217221507	孙悦	男	2001/10/4	13245678514	12027@qq.com
217221508	程晨	男	2001/12/1	13245678515	12028@qq.com
222100070	李善	女	2001/6/7	13245678516	12029@qq.com
222100071	吴思	男	2001/7/8	13245678517	12030@qq.com
222100072	钱枫	男	2001/4/4	13245678518	12031@qq.com
222100073	张雯	女	2002/6/4	13245678519	12032@qq.com
222100074	赵六	女	2002/9/6	13245678520	12033@qq.com

表7-6　score 表记录

s_no	c_no	daily	final
212221320	c08123	85	95
212221320	a01564	88	93
212221320	c06108	92	90
212221321	c08123	85	94
212221321	c06108	70	82
212221322	c08123	60	64
212221322	a01327	53	50
212221322	a01564	64	50
212221323	a01564	88	84
212221323	c05103	85	86
212221324	c08123	77	81
212221324	c05103	95	86
212221325	c05103	88	90

表7-7　course 表记录

c_no	c_name	t_no	hour	week	semester
c08123	数据库技术	t07019	4	16	4
c08123	数据库技术	t03117	4	16	4

表7-7（续）

c_no	c_name	t_no	hour	week	semester
c06108	数据结构	t07019	4	16	3
c06108	数据结构	t01247	4	16	3
c05103	计算机原理	t01247	4	16	2
c05103	计算机原理	t03117	4	16	2
a10327	高等数学	t00458	4	16	2
a10327	高等数学	t00578	4	16	2
a10564	马克思原理	t04410	2	12	1
a10564	马克思原理	t04115	2	12	1

表 7-8　teacher 表记录

t_no	t_name	major	prof	department
t01247	程瑞	软件工程	副教授	信息工程学院
t07019	刘泽	软件工程	讲师	软件学院
t04213	王玲玲	网络技术	副教授	信息工程学院
t04115	刘禅	哲学	讲师	人文学院
t00458	李泽锋	数学	助教	基础课程学院
t00578	张伦	数学	讲师	基础课程学院
t02145	王乐	英语	助教	基础课程学院
t04410	王伟	哲学	副教授	人文学院
t03117	孙艳	软件工程	讲师	软件学院

问题：

① 为 student 表的 phone 列建立一个降序普通索引 phone_idx。

② 为 score 表的 s_no 和 c_no 列建立一个复合索引 stu_cour_idx。

③ 为 course 表的 c_name，t_no 列建立一个唯一性索引 cname_idx。

④ 为 teacher 表建立 t_name 和 prof 的复合索引 mark。

⑤ 删除 teacher 表的 mark 索引。

⑥ 利用 alter table 语句删除 course 表的 cname_idx 索引。

⑦ 为 teacher 表创建一个简单的视图 v_teacher，显示 teacher 表的所有信息。

⑧ 为 student 表和 score 表创建一个名为 stu_score 的视图。视图中保留 21 级女生的学号、姓名、电话、课程号和结业成绩。

⑨ 创建视图 v_teach，查询软件学院中职称不是教授或副教授的教师的教师号、教师名和专业。

⑩ 查看视图 stu_score 的定义情况。

⑪ 修改视图 v_teach，统计软件学院教师中教授或副教授的教师号、教师名和专业，

并在视图名后指明视图列名称。

⑫ 删除视图 v_teach。

⑬ 创建视图 view_avg，统计各门课程的平均结业成绩，并按课程号升序排列。

⑭ 通过视图 v_teacher，插入一条纪录('t07027'，'谢天'，'教育学'，'副教授'，'信息工程学院')。

⑮ 通过视图 v_teacher，将教师号为 t07019 的教师的职称修改为副教授。

⑯ 通过视图 v_teacher，删除教师号为 t07027 的纪录。

⑰ 视图 stu_score 依赖于表 student 和表 score，通过视图 stu_score 将基本表 student 中学号为 21122221324 的电话号码修改为 888888。

第8章 数据控制

8.1 关键知识点

8.1.1 数据完整性

数据库的完整性是指数据的正确性和相容性。数据的正确性是指数据符合现实世界语义、反映当前实际情况；数据的相容性是指数据库同一对象在不同关系表中的数据是符合逻辑的。

8.1.1.1 实体完整性

实体完整性是对关系中的记录进行约束，即对行的约束。此处主要讲解主键约束和唯一约束。

（1）主键约束。

主键约束用于唯一地标识表中的某一条记录，在多表关系中，主键用来在一个表中引用另一个表中的特定记录。一个表的主键可以由多个关键字共同组成，并且主键的列不能为空。主键的值能唯一标识表中某一记录，好比每名学生都有学号，学号是各不相同的，能唯一标识学生。

在创建表时添加主键约束具体语法格式如下。

```
CREATE TABLE 表名(
字段名 数据类型 PRIMARY KEY
...
);
```

以上语法格式中，字段名表示需要设置为主键的列名，数据类型为该列的数据类型，PRIMARY KEY 代表主键。

【例8-1】在数据库 ex 中，首先创建一张 Teacher 表，表结构如表8-1所示。然后分别尝试在表中插入教师编号相同，教师姓名、职称与所在部门不同的两条数据和插入教师编号为 NULL，教师姓名、职称与所在部门不为空的数据。

表 8-1 Teacher 表

列名	说明	类型	约束
TNO	教师编号	Char(5)	主键
TNAME	教师姓名	Nvarchar(20)	
TPTITLE	职称	Nchar(5)	
TDEPT	所在部门	Nvarchar(20)	

创建表的 SQL 语句如下。

```
create table Teacher(
TNO char(5)primary key,
TNAME nvarchar(20),
TPTITLE nchar(5),
TDEPT nvarchar(20)
);
```

向 Teacher 表中插入一条数据。

```
insert into Teacher(
TNO, TNAME, TPTITLE, TDEPT
)values(1001,'张三','副教授','信息工程学院'
);
```

再向 Teacher 表中插入教师编号相同,教师姓名、职称与所在部门不同的一条数据。

```
insert into Teacher(
TNO, TNAME, TPTITLE, TDEPT
)values(1001,'刘备','教授','人文学院'
);
```

插入第二条数据的执行结果如图 8-1 所示。

从执行结果可以看出,插入第二条数据失败。这是因为主键对其进行了约束,新插入的数据主键不能重复。

插入教师编号为 NULL,教师姓名、职称与所在部门不为空的数据,如图 8-2 所示。

```
insert into Teacher(TNO, TNAME, TPTITLE, TDEPT)
values(NULL,'张飞','教授','信息工程学院');
```

以上执行结果证明定义为主键的字段值不能为 NULL,否则会报错。

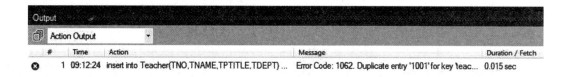

图 8-1　插入第二条数据结果图

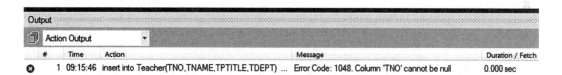

图 8-2　插入教师编号为 NULL 的结果

（2）唯一约束。

唯一约束要求该列唯一，允许为空，但只能出现一个空值。唯一约束可以确保一列或者几列不出现重复值。在 MySQL 中使用 UNIQUE 关键字添加唯一约束。在创建表时为某个字段添加唯一约束的具体语法格式如下。

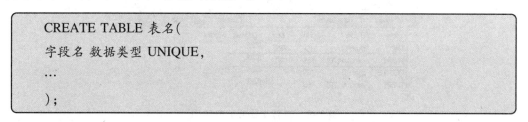

```
CREATE TABLE 表名(
字段名 数据类型 UNIQUE,
…
);
```

以上语法格式中，字段名表示需要添加唯一约束的列名，列名后为数据类型和UNIQUE关键字，两者之间用空格隔开。

【例 8-2】创建 Teacher 表，并按如表 8-2 所示的表结构添加约束。

表 8-2　Teacher 表

列名	说明	类型	约束
TNO	教师编号	Char(5)	PRIMARY KEY
TNAME	教师姓名	Nvarchar(20)	UNIQUE
TPTITLE	职称	Nchar(5)	
TDEPT	所在部门	Nvarchar(20)	

表 8-2 列出了 Teacher 表的结构，共包含 4 个字段，其中 TNO 字段需要添加主键约束，TNAME 字段需要添加唯一约束。创建 Teacher 表的 SQL 语句如下。

```
create table Teacher(
TNO char(5) primary key,
TNAME nvarchar(20) unique,
TPTITLE nchar(5),
TDEPT nvarchar(20)
);
```

为验证 Teacher 表完成添加约束，可使用 DESC 语句查看表结构，结果如图 8-3 所示。

```
1    DESC Teacher;
```

Field	Type	Null	Key	Default	Extra
TNO	char(5)	NO	PRI	NULL	
TNAME	varchar(20)	YES	UNI	NULL	
TPTITLE	char(5)	YES		NULL	
TDEPT	varchar(20)	YES		NULL	

图 8-3　查看 Teacher 表结构

从以上执行结果可以看出，TNO 字段的 Key 值为 PRI，说明主键约束添加成功；TNAME 字段的 Key 值为 UNI，说明唯一约束添加成功。此时向 Teacher 表中添加两条 TNAME 字段的值相同的数据进行验证，数据和结果如图 8-4 所示。

从以上执行结果可以看出，因为添加的两条数据的 TNAME 字段值相同，所以添加失败。

```
1    insert into Teacher(TNO,TNAME,TPTITLE,TDEPT)
2    values(1002,'张三','副教授','信息工程学院'),
3    (1003,'张三','教授','信息工程学院'),
```

图 8-4　添加 TNAME 字段值相同的两条数据的执行结果

8.1.1.2　引用完整性(参照完整性)

引用完整性是对实体之间关系的描述,是定义外关键字与主关键字之间的引用规则,也就是外键约束。如果要删除被引用的对象,那么也要删除引用它的所有对象,或者把引用值设置为空。

创建外键的语法规则如下。

> CREATE TABLE 表名(
>
> 字段名 数据类型,
>
> …
>
> FOREIGN KEY(外键字段名)REFERENCES 主表表名(主键字段名)
>);

【例 8-3】创建教师表 Teacher 和课程表 Course。

首先创建 Teacher 表,Teacher 表结构和创建语句如例 8-1。

Course 表结构如表 8-3 所示。

表 8-3　Course 表结构

列名	说明	数据类型	约束
CNO	课程号	CHAR(3)	主码
CNAME	课程名	VARCHAR(20)	
CCREDIT	学分	SMALLINT	
SEMSTER	学期	SMALLINT	
PERIOD	学时	SMALLINT	
TNO	教师编号	CHAR(5)	外码

在创建 Course 表的同时添加外键约束,结果如图 8-5 所示。

```
create table Course(
CNO char(3)primary key,
CNAME varchar(20),
CCREDIT smallint,
SEMSTER smallint,
PERIOD smallint,
TNO char(5),
foreign key(TNO)references Teacher(TNO)
);
```

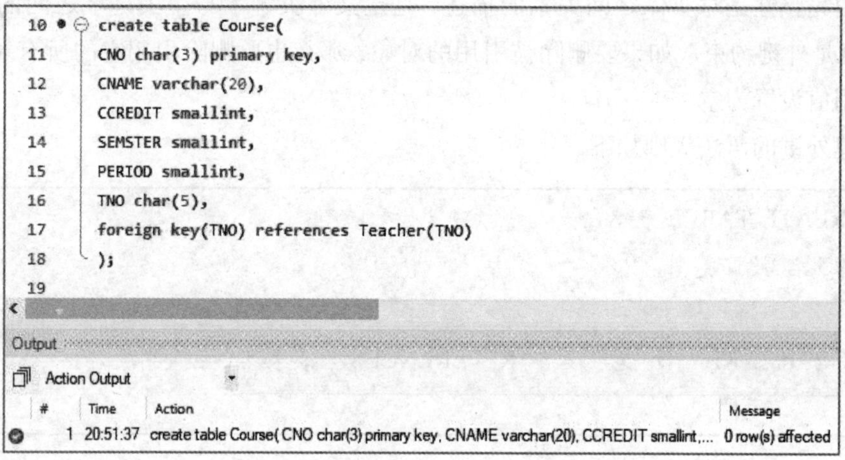

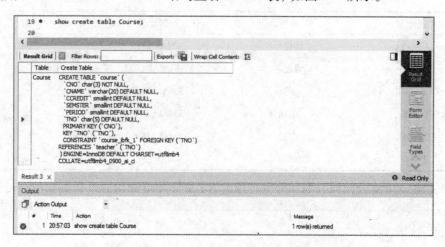

图 8-5   创建 Course 表结果

以上执行结果证明 Course 表创建成功, 在创建的同时添加了外键约束, 为进一步验证, 使用 SHOW CREATE TABLE 语句查看 Course 表, 如图 8-6 所示。

图 8-6   用 SHOW CREATE TABLE 语句查看 Course 表

从以上执行结果可以看出，Course 表中的 TNO 字段有外键约束，关联的主表为 Teacher 表。

【例 8-4】删除 Course 表中的外键约束。

从图 8-6 可知，TNO 为字段外键，关联的主表是 Teacher，外键名为 course_ibfk_1。接下来删除这个外键约束。

```
alter table Course drop foreign key course_ibfk_1;
```

为进一步验证删除成功，使用 SHOW CREATE TABLE 语句查看 Course 表，如图 8-7 所示。

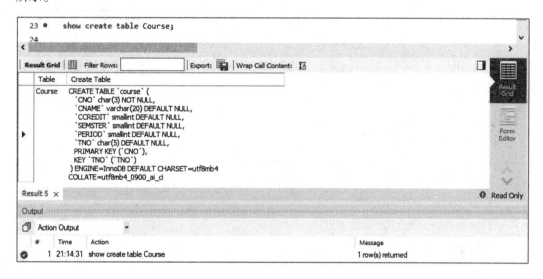

图 8-7　删除外键约束

📖**多学一招：创建表之后添加外键约束**

创建表后添加外键约束的语法格式如下。

```
ALTER TABLE 表名
ADD FOREIGNKEY(外键字段名)REFERENCES 主表表名(主键字段名);
```

8.1.1.3　域完整性

域完整性是对关系中的单元格进行约束，域代表单元格，也就是对列的约束。域完整性约束包括数据类型、非空约束、默认值约束和 CHECK 约束，此处主要讲解非空约束和默认值约束。

（1）非空约束。

非空约束用于保证数据表中某个字段的值不为 NULL，在 MySQL 中使用 NOT NULL 关键字添加非空约束。

在创建表时，为某个字段添加非空约束的具体语法格式如下。

```
CREATE TABLE 表名(
字段名 数据类型 NOT NULL,
…
);
```

在以上的语法格式中,字段名是需要添加非空约束的列名,列名后跟着数据类型和 NOT NULL 关键字,两者之间用空格隔开。

【例8-5】创建 Teacher 表,并按表8-4所示的表结构添加约束。

表 8-4　Teacher 表结构

列名	说明	类型	约束
TNO	教师编号	Char(5)	主键
TNAME	教师姓名	Nvarchar(20)	不为空
TPTITLE	职称	Nchar(5)	
TDEPT	所在部门	Nvarchar(20)	

首先创建 Teacher 表。

```
create table Teacher(
TNO char(5)primary key,
TNAME nvarchar(20)not null,
TPTITLE nchar(5),
TDEPT nvarchar(20)
);
```

为进一步验证约束添加成功,使用 DESC 语句查看表结构,如图8-8所示。

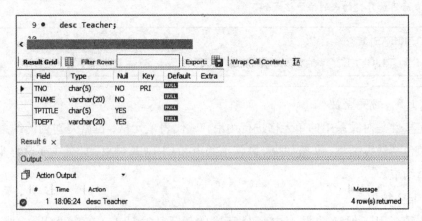

图 8-8　DESC 语句查看表结构

从以上执行结果可以看出，TNO 字段的 Key 值为 PRI，说明主键约束添加成功；TNAME 字段的 Null 列显示为 NO，即不可为 NULL 值，说明非空约束添加成功。

> 📖**多学一招：在已创建完成的表中添加非空约束**
>
> 语法格式如下。
>
> > ALTER TABLE 表名 MODIFY 字段名 数据类型 NOT NULL；

【例 8-6】在 Teacher 的基础上为 TDEPT 字段添加非空约束，表结构如表 8-4 所示。

> alter table Teacher modify TDEPT nvarchar(20) not null；

为进一步验证约束添加成功，使用 DESC 语句查看表结构，如图 8-9 所示。

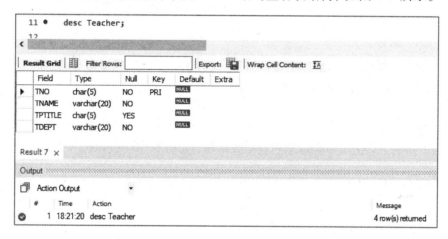

图 8-9　TDEPT 字段添加非空约束

从以上执行结果可以看出，Teacher 表中 TDEPT 字段的 Null 列的值为 NO，说明成功添加了非空约束。

（2）默认值约束。

默认值约束用于为数据表中某个字段的值添加默认值。例如，可以设置在 Student 表中，将学生所在系默认为"计算机系"。在 MySQL 中使用 DEFAULT 关键字添加默认值约束，为某个字段添加默认值约束的具体语法格式如下。

> CREATE TABLE 表名(
> 字段名 数据类型 DEFAULT 默认值
>)；

【例 8-7】创建 Student 表，并按照表 8-5 所示的表结构添加约束。

表 8-5　例 8-7 中 Student 表结构

列名	说明	数据类型	约束
SNO	学号	CHAR(7)	主码
SNAME	姓名	CHAR(10)	
SSEX	性别	CHAR(2)	
SAGE	年龄	SMALLINT	
SDEPT	所在系	VARCHAR(20)	默认"计算机系"

首先创建 Student 表。

```
create table Student(
SNO char(7)primary key,
SNAME char(10),
SSEX char(2),
SAGE smallint,
SDEPT varchar(20)default'计算机系'
);
```

为进一步验证，使用 DESC 语句查看表结构，如图 8-10 所示。

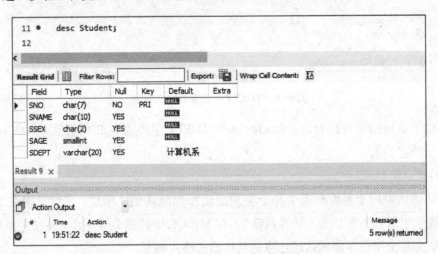

图 8-10　使用 DESC 语句查看表结构

从以上执行结果可以看出，SNO 字段的 Key 值为 PRI，说明主键添加成功；SDEPT 字段的 Default 值为计算机系，说明默认值约束添加成功。此时向 Student 表中添加数据进行验证。

> insert into Student(SNO, SNAME, SSEX, SAGE)values(9512101, '李勇', '男', 19);

使用 SELECT 语句查看 Student 表,如图 8-11 所示。

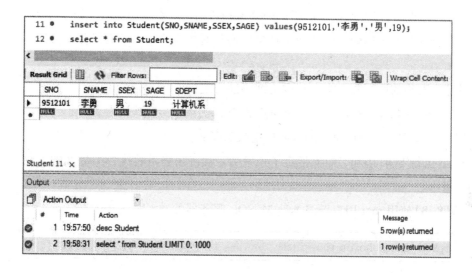

图 8-11 查看 Student 表

从以上执行结果可以看出,Student 表中的 SDEPT 字段使用了默认值计算机系,说明默认值约束添加成功。

8.1.2 安全性

数据的安全性是指保护数据库以防不合法使用造成数据泄露、更改或破坏。

用户管理

MySQL 是一个多用户的数据库,具有功能强大的访问控制系统,可以为不同用户分配不同的权限。MySQL 用户可以分为普通用户和 root 用户。普通用户只拥有被授予的各种权限;root 用户是超级管理员,拥有数据库所有操作权限,包括创建用户、删除用户和删除用户的密码等管理权限。

MySQL 提供许多语句用来管理用户账户,这些语句可以用来管理包括登录和退出 MySQL 服务器、创建用户、删除用户、密码管理和权限管理等内容。MySQL 数据库的安全性需要通过账户管理来保证。

(1)登录和退出 MySQL 服务器。

通过前面章节的学习已经知道登录 MySQL 时,使用 MySQL 命令并在后面指定登录主机及用户名和密码。本小节将介绍 MySQL 命令的常用参数及登录、退出 MySQL 服务器的方法。

通过 MySQL-help 命令可以查看 MySQL 命令帮助信息。MySQL 命令常用参数如下。

① -h 主机名，可以使用该参数指定主机名或 ip，如果不指定，默认是 localhost。

② -u 用户名，可以使用该参数指定用户名。

③ -P 密码，可以使用该参数指定登录密码。如果该参数后面有一段字符串，则该段字符串将作为用户的密码直接登录。如果后面没有内容，在登录的时候就会提示输入密码。

注意：该参数后面的字符串和-p 之前不能有空格。

④ -P 端口号，该参数后面接 MySQL 服务器的端口号，默认为 3306。

⑤ 数据库名，可以在命令的最后指定数据库名。

⑥ -e 执行 SQL 语句，如果指定了该参数，就将在登录后执行-e 后面的命令或 SQL 语句并退出。

【例 8-8】使用 root 用户登录本地 MySQL 服务器的 test 库。

MySQL-h localhost-u root-p test

【例 8-9】以 root 用户登录本地 MySQL 服务器的 MySQL 数据库，同时执行一条查询语句。

MySQL-h localhost-u root-p MySQL-e DESC Teacher

（2）新建普通用户。

创建新用户，必须有相应的权限来执行创建操作。在 MySQL 数据库中，有两种方式创建新用户：一种是使用 CREATE USER 或 GRANT 语句，另一种是使用 INSERT 语句直接将用户信息添加到 mysql.user 表中。

使用 CREATE USER 语句和 GRANT 语句创建新用户。执行 CREATE USER 或 GRANT 语句时，服务器会修改相应的用户授权表，添加或者修改用户及其权限。CREATE USER 语句的基本语法格式如下。

```
CREATE USER user_specification
[, user_specification]…
user_specification：
user@ host
```

```
[
IDENTIFIED BY[PASSWORD]'password'
|IDENTIFIED WITH auth_plugin[AS 'auth_string']
]
```

其中，user 表示创建的用户名称；host 表示允许登录的用户主机名称；IDENTIFIED BY 表示用来设置用户的密码；[PASSWORD]表示使用哈希值设置密码，该参数可选；'password'表示用户登录时使用的普通明文密码；IDENTIFIED WITH 语句为用户指定一个身份验证插件；auth_plugin 是插件的名称，可以是一个带单引号的字符串，或者带引号的字符串；'auth_string'是可选的字符串参数，传递给身份验证插件，由插件解释该参数的意义。

使用 CREATE USER 语句也可以创建账户，通过该语句可以在 user 表中添加一条新的记录，但是 CREATE USER 语句创建的新用户没有任何权限，还需要使用 GRANT 语句赋予用户权限。而 GRANT 语句不仅可以创建新用户，还可以在创建的同时对用户授权。GRANT 语句的基本语法格式如下。

```
GRANT privileges ON db.table
TO user@host[IDENTIFIED BY'password'][, user[IDENTIFIED BY'password'
]]
[WITH GRANT OPTION];
```

其中，privileges 表示赋予用户的权限类型；db.table 表示用户的权限所作用的数据库中的表；IDENTIFIED BY 关键字用来设置密码；'password'表示用户密码；WITH GRANT OPTION 为可选参数，表示对新建立的用户赋予 GRANT 权限，即该用户可以对其他用户赋予权限。

【例 8-10】使用 CREATE USER 创建一个用户，用户名为 root1，密码为 123456，主机名为 localhost。

```
CREATE USER 'root1'@'localhost' IDENTIFIED BY '123456';
```

【例 8-11】使用 GRANT 语句创建一个新的用户 testuser，密码为 test1，并授予用户对所有数据表的 SELECT 和 UPDATE 权限。

```
grant select, update on *.* to'testuser'@'localhost' identified by'test1';
```

使用 INSERT 语句将用户信息添加到 mysql.user 表，必须拥有对 mysql.user 表的 INSERT 权限。

使用 INSERT 语句创建用户的代码如下：

```
INSERT INTO mysql.user( Host, User, authentication_string, ssl_cipher, x509_is-
suer, x509_subject)
    VALUES ('hostname', 'username', 'password', '', '', '');
```

其中，hostname 表示主机名称，username 表示用户名，password 表示登录密码。此外，由于 mysql 数据库 user 表中的 ssl_cipher, x509_issuer 和 x509_subject 字段没有默认值，向该表插入新记录时，一定要设置这 3 个字段的值，否则 INSERT 语句将不能执行。

（3）删除普通用户。

MySQL 数据库中，可以使用 DROP USER 语句删除用户。

使用 DROP USER 语句删除用户，语法如下。

```
DROP USER user[ , user];
```

DROP USER 语句用于删除一个或多个 MySQL 账户。要使用 DROP USER，必须拥有 MySQL 数据库的全局 CREATE USER 权限或 DELETE 权限。使用与 GRANT 或 REVOKE 相同的格式为每个账户命名。

使用 DROP USER，可以删除一个账户及其权限，操作如下。

```
DROP USER 'user' @ 'localhost';
DROP USER;
```

其中，第 1 条语句可以删除 user 在本地登录的权限，第 2 条语句可以删除来自所有授权表的账户权限记录。

【例 8-12】使用 DROP USER 删除账户 "root1 @ localhost"。

```
DROP USER 'root1' @ 'localhost';
```

（4）root 用户修改自己的密码。

root 用户的安全对保证 MySQL 的安全非常重要，因为 root 有很高的权限。修改 root 用户密码的方式有多种。

① 使用 mysqladmin 命令在命令行指定新密码。

```
mysqladmin-u username-h localhost-p password "newpwd"
```

其中，username 为要修改密码的用户名称，在这里指定为 root 用户；参数-h 是指需要修改的、对应主机用户的密码，该参数可以不写，默认是 localhost；-p 表示输入当前密码；password 为关键字，"newpwd" 为新设置的密码。执行完上面的语句，root 用户的密码将被修改为 newpwd。

【例 8-13】使用 mysqladmin 将 root 用户的密码修改为 rootpwd。

```
mysqladmin-u root-p password 'rootpwd'
Enter password：
```

按照要求输入 root 用户原密码，执行完毕后，新密码将被设定。

② 使用 SET 语句修改 root 用户密码。SET PASSWORD 语句可以用来重新设置其他用户的登录密码或者自己的密码。使用 SET 语句修改自己密码的语法结构如下。

```
SET PASSWORD=PASSWORD("rootpwd")；
```

新密码必须使用 PASSWORD( )函数加密。

【例 8-14】使用 SET 语句将 root 用户的密码修改为 rootpwd1。

```
SET PASSWORD=password("rootpwd1")；
```

（5）root 用户修改普通用户密码。

root 用户拥有很高的权限，不仅可以自己修改自己的密码，还可以修改其他用户的密码。

① 使用 SET 语句修改普通用户的密码。使用 SET 语句修改其他用户密码的语法格式如下。

```
SET PASSWORD FOR'user'@'host'=PASSWORD('somepassword')；
```

只有 root 用户可以通过更新 MySQL 数据库来更改其他用户的密码。如果使用普通用户修改，可省略 FOR 子句更改自己的密码。

```
SET PASSWORD=PASSWORD('somepassword')；
```

【例 8-15】使用 SET 语句将 testuser 用户的密码修改为 123456。

```
SET PASSWORD FOR'testuser'@'localhost'=PASSWORD('123456')；
```

② 使用 GRANT 语句修改普通用户密码。除了前面介绍的方法，还可以在全局级别使用 GRANT USAGE 语句(∗.∗)指定某个账户的密码而不影响账户当前的权限，使用 GRANT 语句修改密码，必须拥有 GRANT 权限。一般情况下，最好使用该方法来指定或修改密码。

```
GRANT USAGE ON ∗.∗ TO'someuser'@'%'IDENTIFIED BY'somepassword'；
```

【例 8-16】使用 GRANT 语句将 testuser 用户的密码修改为 7891011。

```
GRANT USAGE ON ∗.∗ TO'testuser'@'localhost'IDENTIFIED BY'7891011'；
```

（6）普通用户修改密码。

普通用户登录 MySQL 服务器后，可通过 SET 语句设置自己的密码。用 SET 语句修改自己密码的基本语法如下。

```
SET PASSWORD = PASSWORD( " newpassword" ) ;
```

其中，PASSWORD( )函数对密码进行加密，newpassword 是设置的新密码。

【例 8-17】testuser 用户使用 SET 语句将自己的密码修改为 newpwd2。

```
SET PASSWORD = PASSWORD( " newpwd2" ) ;
```

8.1.3　授权：授予与回收

权限管理主要是对登录 MySQL 的用户进行权限验证。所有用户的权限都存储在 MySQL 的权限表中，不合理的权限规划会给 MySQL 服务器带来安全隐患。数据库管理员要对所有用户的权限进行合理规划管理。MySQL 权限系统的主要功能是证实连接到一台给定主机的用户，并且赋予该用户在数据库上的 SELECT，INSERT，UPDATE 和 DELETE 权限。

8.1.3.1　授权

授权就是为某个用户授予权限。合理的授权可以保证数据库的安全。MySQL 中可以使用 GRANT 语句为用户授予权限。

GRANT 语句的一般格式如下。

```
GRANT<权限>[，<权限>]…
ON<对象类型><对象名>[，<对象类型><对象名>]…
TO<用户>[，<用户>]…
[ WITH GRANT OPTION ] ;
```

如果指定了 WITH GRANT OPTION 子句，则获得某种权限的用户还可以把这种权限再授予其他的用户。如果没有指定 WITH GRANT OPTION 子句，则获得某种权限的用户只能使用该权限，不能传播该权限。

【例 8-18】把查询 Student 表的权限授权给用户 testuser。

```
grant select on table Student to testuser;
```

8.1.3.2　收回权限

收回权限就是取消已经赋予用户的某些权限。收回用户不必要的权限可以在一定程度上保证系统的安全性。MySQL 中使用 REVOKE 语句取消用户的某些权限，REVOKE 语句的一般格式如下。

```
REVOKE<权限>[，<权限>]…
ON<对象类型><对象名>[，<对象类型><对象名>]…
FROM<用户>[，<用户>]…[CASCADE|RESTRICT]；
```

【例 8-19】把用户 testuser 对 Student 表的查询权限收回。

```
revoke select on table Student from testuser；
```

8.1.3.3　查看权限

SHOW GRANTS 语句可以显示指定用户的权限信息。使用 SHOW GRANTS 查看账户信息的基本语法格式如下。

```
SHOW GRANTS FOR'user'@'host'；
```

其中，user 表示登录用户的名称，host 表示登录的主机名称或者 IP 地址。在使用该语句时，要确保指定的用户名和主机名都用单引号括起来，并使用@ 将两个名字分隔开

【例 8-20】使用 SHOW GRANTS 语句查询用户 testuser 的权限信息。

```
show grants for'testuser'@'localhost'；
```

结果如图 8-12 所示，可以看出，testuser 有 DELETE，CREATE，DROP，CREATE TEMPORARY TABLES，CREATE ROUTINE 权限；＊.＊表示权限作用于所有数据库的所有数据表。

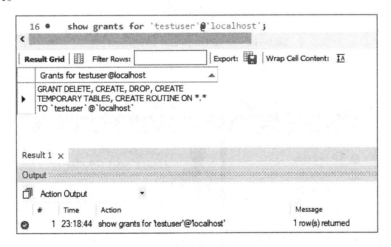

图 8-12　查询用户 testuser 的权限信息

8.1.3.4　使用 Workbench 对用户进行管理

除使用语句可以对用户进行管理，还可以使用 Workbench 对用户进行管理，其管理方式更为快捷、简单。创建用户并分配权限的步骤如下。

① 以 root 用户登录 MySQL Workbench。如图 8-13 所示。

图 8-13　登录 MySQL Workbench

② 选择 Users and Privileges。如图 8-14 所示。

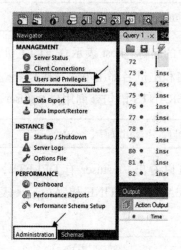

图 8-14　选择 Users and Privileges

③ 选择 Add Account，添加用户。如图 8-15 所示。

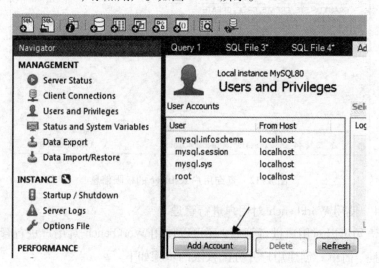

图 8-15　添加用户

④ 输入新用户名和密码等信息。如图 8-16 所示。

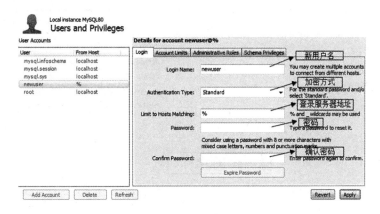

图 8-16 输入信息

⑤ 在 Administrative Roles 中给新用户分配权限。如图 8-17 所示。

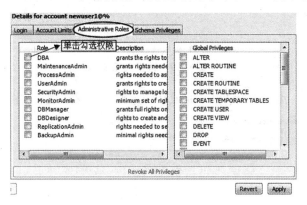

图 8-17 给新用户分配权限

⑥ 点击 Add Entry...，如果权限分配有误，可以在 Schema Privileges 中回收已分配的权限。如图 8-18 所示。

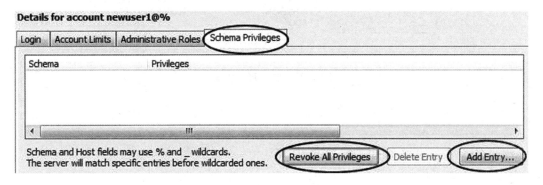

图 8-18 回收已分配的权限

⑦ 选择想要连接的数据库，点击"OK"。如图 8-19 所示。

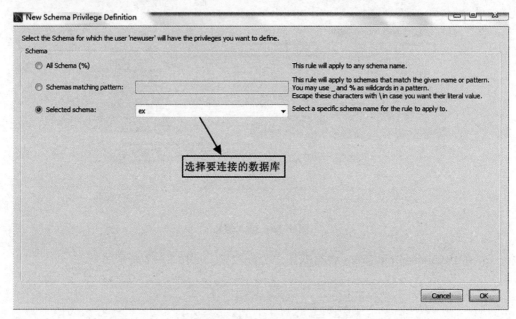

图 8-19 选择数据库

⑧ 完成设置后，点击"Apply"，完成新用户账户创建过程。如图 8-20 所示。

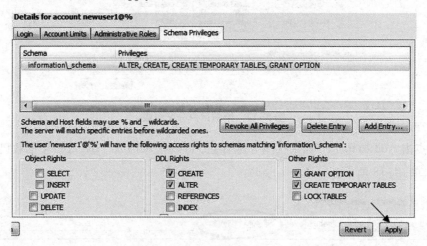

图 8-20 完成账户创建

△△△ 8.2　实验七：数据控制

8.2.1　实验预习

① 什么是数据完整性？为维护数据库的完整性，DBMS 必须实现什么功能？

② MySQL 定义了一些维护数据库完整性的规则，即表的约束。常见的约束有哪些？如何实现？

③ 什么是数据库安全性？有哪些安全性控制措施？

④ 如何给用户授权？怎样将授予的权限撤回？

8.2.2　实验目的

① 理解数据完整性的基本概念，熟练掌握实体完整性、参照完整性、域完整性约束的设置方法。

② 理解数据库安全性的基本概念，了解常见的安全性控制措施。

③ 了解用户的定义，掌握数据库用户账号的建立与删除方法。

④ 了解角色和权限的含义，掌握数据库用户权限的授予与回收方法。

8.2.3　实验课时、环境及要求

实验课时：2 学时。

实验环境：Windows 操作系统，MySQL 8.0，MySQL Workbench 8.0，office 办公软件。

实验要求：

① 按照要求独立完成实验。

② 提交规范的实验报告。

8.2.4　实验内容

（1）准备实验环境：使用实验三中创建的数据库备份恢复学生选课数据库 stu_ms。

（2）数据库完整性约束：在数据库 stu_ms 中，按要求完成如下操作。

① 使用 alter table 命令删除学生表 Student 的 SDEPT 列的默认约束。

② 使用 alter table 命令为学生表 Student 增加年龄约束，要求 SAGE 的值为 [15,45]。

③ 用命令修改教师表 Teacher，使教师姓名列（TNAME）可以取空值，但不能出现重

复值。

④ 使用 ALTER TABLE 语句修改教师表 TEACHER，使教师所在部门（TDEPT）默认为信息工程学院。

⑤ 删除教师表 Teacher 的主键约束。观察是否能删除成功，如果不能，说明原因及解决思路。

⑥ 修改选课表 SC，删除成绩列（GRADE）上的检查约束，增加检查约束，限制该列的值只能取[0，100]。观察操作是否成功，如果不成功，说明原因并解决，使约束能够成功添加。

⑦ 修改 Course 表中的记录，将教师编号 10001 均改为教师编号 10009。观察操作是否成功，如果不成功，说明原因。

⑧ 修改 Student 表中记录，将学号 9512101 改为 9512103。更改是否成功？若不成功请说明原因。

（3）用户权限控制：在数据库 stu_ms 中，按要求完成如下操作

① 创建两个用户账号：u1，u2，分别设置密码为 pwd1，pwd2。

② 将查询学生表 Student 的权限授予用户 u1，将修改选课表的权限授予用户 u2。

③ 检查用户 u1 的权限。以 u1 身份登录 MySQL 服务，先后从学生表 Student 和课程表 Course 查询学生信息和课程信息。观察查询结果，比较不同，并分析原因。

④ 检查用户 u2 的权限。以 u2 身份登录 MySQL 服务，将课程号为 C02 的选课成绩都减 5。观察操作执行结果。以 root 身份登录 MySQL 服务，将查询选课表的权限授予用户 u2。再次以 u2 身份登录 MySQL 服务，将课程号为 C02 的选课成绩都减 5。观察操作执行结果。

⑤ 创建角色 R1，将对教师表 Teacher 的查询、修改、删除权限授予 R1。

⑥ 将授予用户 u1 的权限撤回，再将角色 R1 授予用户 u1。激活角色。以 u1 身份登录 MySQL 服务，先后查询学生信息和教师信息，观察查询结果。

⑦ 删除角色 R1。删除用户 u1，u2。

8.2.5 实验注意事项

① 在某个数据表上定义数据完整性约束，需要具有该表 ALTER 权限。

② 将某个权限授予某个用户，前提是当前用户拥有该权限，并具有转授权。

③ 将角色授予用户后，必须先激活角色，否则用户不能拥有角色的权限。

8.2.6 实验思考

① 定义了主键约束的列，如何取值？定义了外键约束的列，如何取值？

② 权限控制如何保证数据安全？

习题七

一、选择题

1. 数据库数据的完整性一般是指_____。

A. 数据的独立性和一致性　　　　　　B. 数据的正确性和相容性

C. 数据的可控性和有效性　　　　　　D. 数据的可移植性和可靠性

2. 在 MySQL 中使用_____关键字添加非空约束。

A. NOT NULL　　　　　　　　　　B. CREATE

C. PRIMARY KEY　　　　　　　　D. ALTER

3. 在 MySQL 中使用_____关键字添加默认值约束。

A. DROP　　　　B. ALTERD　　　　C. UNIQUE　　　　D. DEFAULT

4. 引用完整性是对实体之间关系的描述,是定义_____与主关键字之间的引用规则。

A. 唯一约束　　　B. 外键关键字　　　C. 默认值约束　　　D. 普通索引

5. 若需要真正连接两个表的数据,可以为表添加_____。

A. 唯一约束　　　B. 主键约束　　　C. 唯一索引　　　D. 外键约束

6. 解除两个表之间的关联关系需要删除_____。

A. 外键约束　　　B. 唯一约束　　　C. 普通索引　　　D. 主键约束

7. 在数据库的表定义中,限制成绩属性列的取值在 0 到 100 的范围内,属于数据的_____约束。

A. 实体完整性　　　B. 参照完整性　　　C. 用户操作　　　D. 用户自定义

8. 完整性检查和控制的防范对象是_____,防止它们进入数据库。安全性控制的防范对象是_____,防止他们对数据库数据的存取。

A. 不合语义的数据　　　　　　　B. 非法用户

C. 不正确的数据　　　　　　　　D. 非法操作

9. 找出下面 SQL 命令中的数据控制命令_____。

A. GRANT　　　B. COMMIT　　　C. UPDATE　　　D. SELECT

10. 下述 SQL 命令中,允许用户定义新关系时,引用其他关系的主码作为外码的是_____。

A. INSERT　　　B. DELETE　　　C. REFERENCES　　　D. SELECT

11. 下述 SQL 命令短语中,不用于定义属性上约束条件的是_____。

A. NOT NULL 短语　　　　　　　B. UNIQUE 短语

C. CHECK 短语　　　　　　　　D. HAVING 短语

12. 表的 CHECK 约束是有效性检验的_____规则。

A. 实体完整性   B. 参照完整性

C. 用户自定义完整性   D. 唯一完整性

13. 数据库的_____是为了保证由授权用户对数据库所做的修改不会破坏数据的一致性。

A. 安全性   B. 完整性   C. 并发控制   D. 恢复

14. UNIQUE 唯一索引的作用是_____。

A. 保证各行在该索引上的值都不重复

B. 保证各行在该索引上的值不得为 NULL

C. 保证参加唯一索引的各列，不得再参加其他的索引

D. 保证唯一索引不被删除

15. MySQL 提供了_____语句查看权限信息。

A. SHOW CREATE   B. SHOW GRANTS

C. SHOW   D. SELECT GRANTS

16. MySQL 提供了_____语句收回权限。

A. DELETE   B. DROP   C. REVOKE   D. ALTER

17. 保护数据库，防止未经授权或不合法的使用造成数据泄漏、非法更改或破坏。这是指数据库的数据_____。

A. 完整性   B. 并发控制   C. 安全性   D. 恢复

18. 多用户数据库系统的目标之一是使它的每个用户好像正在使用一个单用户数据库，为此数据库系统必须进行_____。

A. 安全性控制   B. 完整性控制   C. 并发控制   D. 可靠性控制

19. 在某银行的数据库系统，设置只允许员工在上午 9：00 至下午 5：00 可以访问数据库，其他时间全部予以拒绝。这是数据库的_____功能。

A. 安全性控制   B. 完整性控制   C. 并发控制   D. 可靠性控制

20. 以下哪种操作能够实现实体完整性？_____

A. 设置唯一键   B. 设置外键   C. 减少数据冗余   D. 设置主键

二、综合应用题

1. 创建数据库 Test1，在 Test1 中创建一张员工表 emp（结构如表 8-8 所示），并按要求操作。

表 8-6　emp 表结构

字段	字段类型	约束	说明
id	INT	PRIMARY KEY	员工编号
name	VARCHAR(10)	NOT NULL	员工姓名
phone	VARCHAR(11)	UNIQUE	员工电话
addr	VARCHAR(50)		员工住址

① 创建数据库 Test1。

② 创建数据表 emp，在 id 字段上添加主键约束，在 name 字段上添加非空约束，在 phone 字段上添加唯一性约束。

③ 将 phone 字段改名为 telephone。

④ 将表名修改为 employee。

⑤ 将数据表的存储引擎修改为 MyISAM。

2. 创建两个数据库用户 user1 和 user2，密码都是 123456（假设服务器名为 localhost）。

① 创建数据库用户 user1 和 user2。

② 将用户 user2 的名称修改为 user3。

③ 将用户 user3 的密码修改为 1234。

④ 删除用户 user3。

⑤ 以 user1 身份登录 MySQL，并在 Workbench 中创建连接。

⑥ 授予用户 user1 对 stu_ms 数据库 Teacher 表的所有操作权限及查询操作权限。

⑦ 授予用户 user1 对 Teacher 表的插入、修改和删除操作权限。

⑧ 授予用户 user1 对数据库 stu_ms 的所有权限。

⑨ 授予用户 user1 在 Student 表上的 SELECT 权限，并允许其将该权限授予其他用户。

⑩ 回收用户 user1 在 Teacher 表上的 SELECT 权限。

⑪ 取消 user1 所有的权限。

第 9 章　数据库编程

9.1.1　存储过程和函数

存储程序分为存储过程和函数。为提高 SQL 语句的重用性，MySQL 提供了存储过程，存储过程是一组完成特定功能的 SQL 的语句集，经编译存储在数据库中。本节主要讲解存储过程和函数的相关操作，包括创建、修改、删除及查看存储过程和函数。

9.1.1.1　使用 CREATE PROCEDURE 创建存储过程

在创建存储过程时，用户必须具有创建存储过程的权限。使用 CREATE PROCEDURE 创建存储过程语法如下。

> CREATE PROCEDURE procedure_name（［procedure_parameter］）
> routine_body

使用 CREATE PROCEDURE 语句创建存储过程时，其中 procedure_name 参数表示所要创建的存储过程名字；procedure_parameter 表示存储过程的参数，存储过程参数可以为 0 个、1 个或多个，即使没有参数，存储过程名后的括号也不能省略，若有多个参数，则用逗号分隔开；routin_body 参数表示存储过程的 SQL 语句代码。

说明：

① 在创建存储过程时，过程名 procedure_name 不能与已有的过程名或内置函数重名。

② procedure_parameter 中每个参数的语法格式如下。

> ［IN｜OUT｜INOUT］procedure_parameter type

在上述语句中，每个参数由三部分组成，分别为输入/输出类型、参数名和参数类型。其中输入/输出类型有三种：IN 表示输入类型，OUT 表示输出类型，INOUT 表示输入/输出类型。procedure_parameter 表示参数名，要注意参数的名字不能使用列的名字，否则虽然不会返回错误信息，但是存储过程中的 SQL 语句会将参数名看成列名，从而引发不可预知的结果。type 表示参数类型，可以是 MySQL 软件支持的任意一个数据类型。

③ routine_body 是存储过程的主体部分，其中包含了在过程调用时必须执行的语句，该部分以 BEGIN 开始，以 END 结束。当该部分只包含一个 SQL 语句时，可以省略 BE-GIN，END 标志。

【例 9-1】在 stu_ms 数据库的基础上，创建一个带 IN 的存储过程，用于通过输入教师名查询 Teacher 表中的教师信息。

```
DELIMITER//
CREATE PROCEDURE SEARCH1(IN name1nvarchar(20))
BEGIN
IF name1 IS NULL OR name1=' ' THEN
SELECT * FROM Teacher;
ELSE
SELECT * FROM Teacher where TNAME=name1;
END IF;
END//
DELIMITER;
```

创建结果如图 9-1 所示。

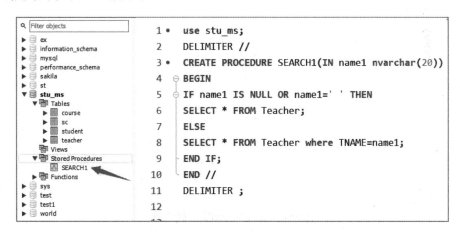

图 9-1 创建 SEARCH1 存储过程

9.1.1.2 创建存储函数

创建存储函数，需要使用 CREATE FUNCTION 语句，基本语法格式如下。

```
CREATE FUNCTION func_name([func_parameter])
RETURNS type
[characteristic…]routine_body
```

其中，CREATE FUNCTION 用来创建存储函数的关键字，func_name 表示存储函数的名称，func_parameter 为存储过程的参数列表，参数列表形式如下。

[IN I OUT I INOUT] param_name type

其中，IN 表示输入参数，OUT 表示输出参数，INOUT 表示既可以输入也可以输出；param_name 表示参数名称；type 表示参数类型，该类型可以是 MySQL 数据库中的任意类型。

RETURNS type 语句表示函数返回数据的类型；characteristic 指定存储函数的特性，取值与创建存储过程时相同。

【例 9-2】在 stu_ms 数据库的基础上，创建名为 NameBJ 的存储函数，该函数返回 SELECT 语句的查询结果，数值类型为字符串型。

CREATE FUNCTION NameBJ(   )

RETURNS NVARCHAR(50)

RETURN(SELECT TNAME FROM Teacher WHERE TNO = ' 1002') ;

执行语句后，新创建的存储函数如图 9-2 所示。

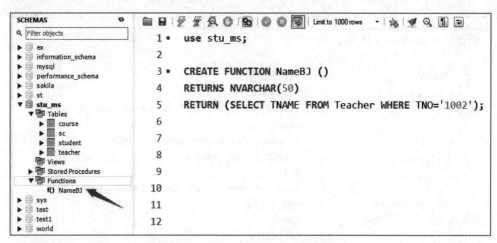

图 9-2　创建 NameBJ 存储函数

9. 1. 1. 3　使用 delimiter 命令修改 MySQL 语句的结束标志

在 MySQL 中，服务器处理语句时是以分号作为结束标志的。但是在创建存储过程时，存储过程体中可能包括多个 SQL 语句，每个 SQL 语句都是以分号结尾的。这样，当服务器处理第一个 SQL 语句遇到分号时就会认为程序已经结束了，这是行不通的。所以需要使用 delimiter 命令将 MySQL 语句的结束标志修改为其他符号。语法如下。

DELIMITER　//

这里"//"是用户定义的结束符，一般用户定义的结束符可以是一些特殊的符号，例如"@@"等。当使用 delimiter 命令时，应该避免使用反斜杠（"\\"）作为结束符，因为它是 MySQL 的转义字符。

例如，DELIMITER ##；执行完该语句后，SQL 语句的结束标志就由之前的"；"转换为"##"了。如果想恢复使用分号"；"作为结束符，则只需要执行下面的命令就可以了：

> DELIMITER ；

注意：DELIMITER 与"；"间有一个空格，且不可省略。

在任务一开始的代码中，关键字 BEGIN 和 END 之间指定了存储过程主体，被看作一个整体。由于在程序运行开始，用 DELIMITER 语句将语句结束符转换为"//"，因此在主体运行结束后，需要在 END 后用"//"来结束。

9.1.1.4　调用存储过程和函数

存储过程可通过 CALL 语句调用，语法如下。

> CALL 存储过程名称(参数)

在 MySQL 中，存储函数的使用方法与 MySQL 内部函数的使用方法一样。

【例 9-3】在例 9-1 的基础上调用存储过程。

> CALL SEARCH1('刘备')；

调用结果如图 9-3 所示。

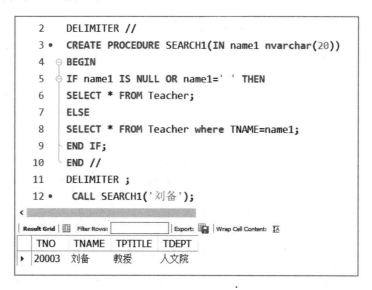

图 9-3　例 9-3 调用存储过程结果

从执行结果可以看出，通过 CALL 关键字调用了存储过程 SEARCH1 并传入参数刘备，执行存储过程后成功查询到了用户刘备的信息。

9.1.1.5　查看存储过程和函数

MySQL 存储了存储过程的信息，可以使用 SHOW STATUS 语句或 SHOW CREATE 语句查看。使用 SHOW STATUS 语句查看存储过程和函数的基本语法结构如下。

> SHOW｛PROCEDURE|FUNCTION｝STATUS[LIKE' pattern']

还可以使用 SHOW CREATE 语句查看存储过程和函数，基本语法结构如下。

> SHOW CREATE｛PROCEDURE|FUNCTION｝存储过程名或函数名

【例 9-4】使用 SHOW STATUS 语句查看例 9-1 中创建的存储过程 SEARCH1。

> SHOW FUNCTION STATUS LIKE' SEARCH1' ;

查询结果如图 9-4 所示。

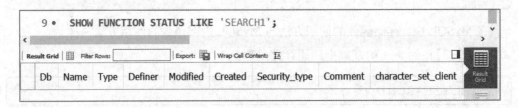

图 9-4　例 9-4 查询结果

【例 9-5】使用 SHOW CREATE 语句查看例 9-2 中创建的存储函数 NameBJ。

> SHOW CREATE FUNCTION NameBJ；

查询结果如图 9-5 所示。

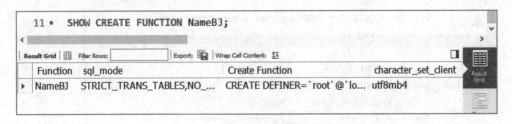

图 9-5　例 9-5 查询结果

9.1.1.6　修改存储过程和函数

使用 ALTER 语句可以修改存储过程和函数的特性，基本语法结构如下。

> ALTER｛PROCEDURE｜FUNCTION｝sp_name［characteristic］

其中，sp_name 参数表示存储过程或函数的名称，characteristic 参数指定存储函数的特性。可能的取值有：

① CONTAINS SQL 表示子程序包含 SQL 语句，但不包含读或写数据的语句。

② NO SQL 表示子程序中不包含 SQL 语句。

③ READS SQL DATA 表示子程序中包含读数据的语句。

④ MODIFIES SQL DATA 表示子程序中包含写数据的语句。

⑤ SQL SECURITY｛DEFINER｜INVOKER｝指明谁有权限执行。

⑥ DEFINER 表示只有定义者才能够执行。

⑦ INVOKER 表示调用者可以执行。

⑧ COMMENT＇string＇表示注释信息。

【例 9-6】修改存储过程 SEARCH1 的定义。将读写权限改为 MODIDIES SQL DATA，并指明调用者可以执行。

> ALTER PROCEDURE SEARCH1
> MODIFIES SQL DATA
> SQL SECURITY INVOKER;

9.1.1.7 删除存储过程和函数

使用 DROP 语句可以删除存储过程和函数，其语法结构如下。

> DROP｛PROCEDURE｜FUNCTION｝［IF EXISTS］sp_name

其中，sp_name 为要移除的存储过程或函数的名称。IF EXISTS 子句是一个 MySQL 的扩展。如果程序或函数不存储，那么它可以防止发生错误，产生一个用 SHOW WARNINGS 查看的警告。

【例 9-7】删除存储过程 SEARCH1 和函数 NameBJ。

删除存储过程 SEARCH1：

> DROP PROCEDURE IF EXISTS SEARCH1;

删除函数 NameBJ：

> DROP FUNCTION IF EXISTS NameBJ;

删除的结果如图 9-6 所示。

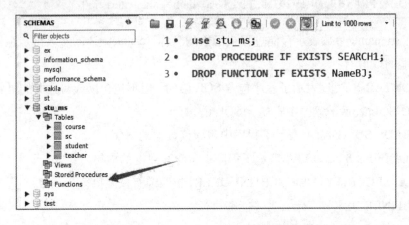

图 9-6　删除存储过程 SEARCH1 和函数 NameBJ 的结果

9.1.2　触发器

触发器由事件触发某个操作，这些事件包括 INSERT，UPDATAE 和 DELETE 语句。如果定义了触发程序，当数据库执行这些语句的时候，就会激发触发器执行相应的操作，触发程序是与表有关的命名数据库对象，当表上出现特定事件时，将激活该对象。

9.1.2.1　创建触发器

MySQL 的触发器和存储过程一样，都是嵌入 MySQL 中的一段程序。创建只有一个执行语句的触发器的语法如下。

```
CREATE TRIGGER trigger_name trigger_time trigger_event
ON tbl_name FOR EACH ROW trigger_stmt
```

其中，trigger_name 标识触发器名称，用户自行指定；trigger_time 标识触发时机，可以指定为 before 或 after；trigger_event 标识触发事件，包括 INSERT，UPDATE 和 DELETE；tbl_name 标识建立触发器的表名，即在哪张表上建立触发器；trigger_stmt 是触发器执行语句。

创建多个执行语句的触发器的语法如下。

```
CREATE TRIGGER trigger_name trigger_time trigger_event
ON tbl_name FOR EACH ROW
BEGIN
语句执行列表
END
```

其中，trigger_name 标识触发器的名称，用户自行指定；trigger_time 标识触发时机，可以指定为 before 或 after；trigger_event 标识触发事件，包括 INSERT，UPDATE 和 DE-
LETE；tbl_name 标识建立触发器的表名，即在哪张表上建立触发器；触发器程序可以使
用 BEGIN 和 END 作为开始和结束，中间包含多条语句。

【例 9-8】创建一张名为 table1 的表，向表 table1 中插入数据前，计算所有新插入 ta-
ble1 表的 b 值之差，触发器的名称设置为 trigger1，条件是在向表插入数据之前触发。

```
CREATE TABLE table1(a INT, B DECIMAL(10, 2));
CREATE TRIGGER trigger1 BEFORE INSERT ON table1
FOR EACH ROW
SET @c=@c-NEW.b;
SET @c=0;
INSERT INTO table1 VALUES(3, 100), (2, 200);
```

使用 select 语句查看结果，如图 9-7 所示。

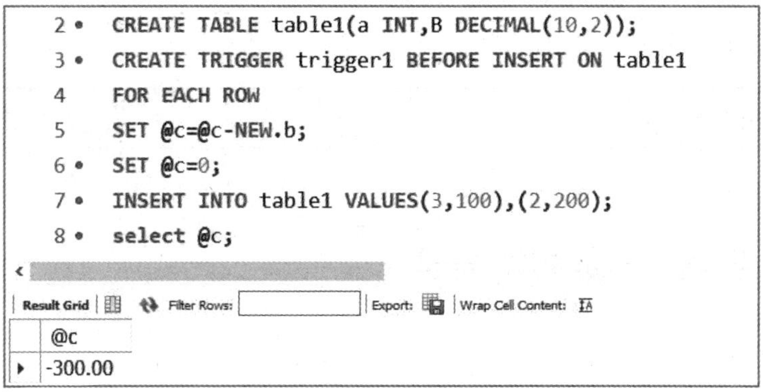

```
2 •   CREATE TABLE table1(a INT,B DECIMAL(10,2));
3 •   CREATE TRIGGER trigger1 BEFORE INSERT ON table1
4     FOR EACH ROW
5     SET @c=@c-NEW.b;
6 •   SET @c=0;
7 •   INSERT INTO table1 VALUES(3,100),(2,200);
8 •   select @c;
```

Result Grid | Filter Rows: | Export: | Wrap Cell Content:

@c
-300.00

图 9-7　例 9-8 的结果

9.1.2.2　查看触发器

可以使用 SHOW TRIGGERS 语句查看触发器信息，其语法如下。

```
SHOW TRIGGERS;
```

【例 9-9】通过 SHOW TRIGGERS 命令查看一个触发器。

```
SHOW TRIGGERS;
```

查询结果如图 9-8 所示。

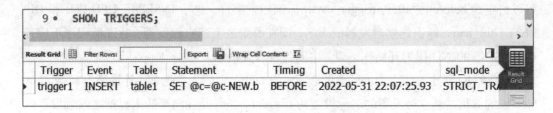

图 9-8　例 9-9 查询结果

9.1.2.3　删除触发器

使用 DROP TRIGGER 语句可以删除 MySQL 中已经定义的触发器，删除触发器语句基本语法格式如下。

> DROP TRIGGER［schema_name］trigger_name

其中，schema_name 表示数据库名称，是可选的。如果省略了 schema，将从当前数据库中舍弃触发程序；trigger_name 是要删除的触发器的名称。

例【9-10】删除例 9-8 中创建的触发器。

> drop trigger trigger1;

9.2　实验八：数据库编程

9.2.1　实验预习

① 在 MySQL 中，使用命令如何定义和调用函数？

② 什么是存储过程，其主要作用是什么？MySQL 中创建和执行存储过程的命令是什么？

③ 什么是触发器？其作用是什么？按照触发时机或触发动作，可以将触发器分为哪几类？

④ 什么是游标？其作用是什么？游标的操作包括哪些？

9.2.2　实验目的

① 理解函数的概念，掌握 MySQL 常用内置函数的应用，掌握自定义函数的定义和调用方法。

② 了解存储过程的作用，掌握创建、查看、执行存储过程的方法。

③ 理解触发器的概念和作用，了解触发器的分类，掌握创建、查看和删除触发器的

操作。

④ 了解游标的概念，掌握游标的操作。

9.2.3　实验课时、环境及要求

实验课时：2 学时。

实验环境：Windows 操作系统，MySQL 8.0，MySQL Workbench 8.0，office 办公软件。

实验要求：

① 按照要求独立完成实验。

② 提交规范的实验报告。

9.2.4　实验内容

（1）准备实验环境：使用实验三中创建的数据库备份恢复学生选课数据库 stu_ms。

（2）自定义函数：在数据库 stu_ms 中，按要求完成如下操作。

① 定义一个函数 sage_avg(　)，用于查询所有学生的平均年龄。调用函数，查看函数调用结果。

② 定义一个函数 grade_avg(　)，根据传入的课程名查询某门课程的平均成绩。调用函数查询"计算机网络"课程的平均成绩。

（3）存储过程：在数据库 stu_ms 中，按要求完成如下操作。

① 建立存储过程 student_Grade1，功能是查询计算机系学生的成绩，包括学号、姓名、课程名、成绩、按学号升序排序。执行存储过程查看运行结果。

② 建立一个包含输入参数的存储过程 student_Grade2，功能是根据参数提供的系名，查询该系学生的成绩，包括学号、姓名、课程名、成绩，按成绩降序排序。

调用存储过程 student_Grade2，查询计算机系学生的成绩。

③ 建立存储过程 student_Grade3，功能是根据参数提供的学生姓名和课程名，查询该学生相应的课程成绩，若存在不为空的成绩，则返回参数值为成绩值，否则返回-1。

调用存储过程 student_Grade3，分别查询李勇的"计算机网络"课程成绩，及张海的"数据结构"课程成绩。

④ 分别通过语句：show procedure status like'匹配字符串'、show create procedure'过程名'查看存储过程 student_ grade3 的状态信息和创建储存过程的语句。

（4）触发器：在数据库 stu_ms 中，按要求完成如下操作。

① 定义一个触发器，当删除 Student 表中数据时，先将删除的数据插入另一个专门存放已删除数据的表中（实验时，首先定义一个与 Student 表结构相同的表 studel 用来存放删除的数据），然后执行删除操作。

插入一条学生记录，然后再将其删除，查询 studel 表，检验触发器是否被触发执行。

② 定义一个触发器 sctrg，其基本功能是当在 Sc 表中增加一条选课记录时，检查选课成绩是否超出[0, 100]，如果高于100，则记录成绩为100；如果低于0，则记录成绩为0。

分别插入两条成绩超出范围的选课记录，如('9512102', 'C02', -50)、('9512102', 'C03', 150)，检验触发器是否被触发执行。

③ 删除触发器 sctrg。

9.2.5　实验注意事项

① 创建、修改与删除存储过程，分别需要具有 CREATE ROUTINE 和 ALTER ROUTINE 权限。

② 验证触发器功能，至少需要具有 TRIGGER 权限。

9.2.6　实验思考

① 函数与存储过程有何不同？
② before 触发器与 after 触发器有何区别？

习题八

一、选择题

1. CREATE PROCEDURE 是用来创建_____的语句。

A. 程序　　　　　　　B. 存储过程　　　　C. 触发器　　　　　　D. 存储函数

2. 要删除一个名为 AA 的存储过程，应该使用命令_____ PROCEDURE AA。

A. DELETE　　　　B. ALTER　　　　C. DROP　　　　　D. EXECUTE

3. 执行带参数的存储过程，正确的方法为_____。

A. CALL 存储过程名(参数)　　　　　　B. CALL 存储过程名 参数

C. 存储过程名=参数　　　　　　　　　D. 以上答案都正确

4. 查询存储过程的状态可以使用_____语句。

A. SELECT STATUS　　　　　　　　　B. SHOW

C. SHOW STATUS　　　　　　　　　　D. SHOW CREATE

5. 查询存储过程的创建信息可以使用_____语句。

A. SHOW　　　　　　　　　　　　　　B. SHOW CREATE

C. SELECT CREATE　　　　　　　　　　D. SHOW STATUS

6. 在 MySQL 中，存储过程的信息存储在 information_schema 库下的_____表中。

A. Profiling　　　　B. Files　　　　　C. Schemata　　　　D. Routines

7. MySQL 提供了_____语句定义局部变量。

A. DECLARE　　　B. DISTINCT　　　C. AND　　　　　D. LIKE

8. 在 MySQL 中使用_____关键字使用光标。

A. LIMIT　　　　　B. FETCH　　　　　C. OR　　　　　D. HAVING

9. _____语句用来创建一个触发器。

A. CREATE PROCEDURE　　　　　　B. CREATE TRIGGER

C. DROP PROCEDURE　　　　　　　D. DROP TRIGGER

10. 触发器创建在_____中。

A. 表　　　　　　B. 视图　　　　　C. 数据库　　　　D. 查询

11. 当删除_____时，与它关联的触发器也同时删除。

A. 视图　　　　　B. 临时表　　　　C. 过程　　　　　D. 表

二、填空题

1. 触发器的执行不是由程序调用，也不是手动开启，而是由_____触发。

2. 触发器在操作表数据时立即被_____。

3. 触发器可用于执行管理任务，并强制影响数据库的_____规则。

4. 触发器是一种特殊的_____，它在插入、删除或修改特定表中的数据时触发执行。

5. 触发器可以跟踪用户对数据库的操作，审计用户操作数据库的语句，把用户对数据库的更新写入_____。

三、简答题

1. 什么是存储过程？写出存储过程的创建、修改和删除语句。

2. 简述什么是触发器。

3. 简述触发器的优点。

4. 简述触发器的作用。

5. 简述创建触发器的语法格式。

6. 简述删除触发器的语法格式。

四、综合应用题

1. 在 stu_ms 数据库的基础上，创建一个存储过程 test6，该存储过程输出 Student 表中所有计算机系学生的记录。

2. 在 stu_ms 数据库的基础上，创建一个存储过程 test7，根据给定的学生姓名返回该学生的学号和年龄。

3. 在第二题的基础上调用存储过程，查询张海同学的信息。

4. 在 stu_ms 数据库的基础上，创建一个存储过程 test8，根据输入的教师姓名查询出该教师所在的学院。

5. 在 stu_ms 数据库的基础上，用存储函数查询指定学生的某门课程的成绩。

6. 假设系统中有两个表，班级表 class（班级号 classID，班内学生数 studentCount），学生表 student（学号 studentID，所属班级号 classID），请创建触发器使班级表中的班内学生数随着学生的添加自动更新。

参考答案

习题一

一、选择题

1. A 2. A 3. B 4. B 5. C 6. C 7. D 8. B 9. A 10. ① B ② D 11. A 12. D 13. D
14. B 15. A 16. A 17. C 18. B 19. D 20. B 21. D 22. D 23. C 24. C 25. C 26. A 27. C
28. B 29. A 30. C

二、填空题

1. 人工管理 文件系统 数据库系统

2. 组织 共享

3. 数据库管理系统 用户 操作系统

4. 数据定义功能 数据操纵功能

5. 逻辑数据独立性 物理数据独立性

6. 物理独立性

7. 数据结构 数据操作 完整性约束

8. 数据结构 数据操作

9. 模式 外模式 内模式

10. 1∶1 1∶m m∶n

11. 浪费存储空间及修改麻烦 潜在的数据不一致性

12. 主数据库文件 事务日志文件

13. 模式与外模式

14. 数据有没有结构

15. 交

16. my.ini 或 my.cnf

17. datadir

三、判断题

1. × 2. × 3. × 4. √ 5. × 6. √ 7. √ 8. × 9. × 10. √

四、简答题

1. 数据库是长期存储在计算机内、有组织的、可共享的数据集合。数据库是按某种数据模型进行组织、存放在外存储器中，且可被多个用户同时使用。因此，数据库具有较小的冗余度、较高的数据独立性和易扩展性。

2. 数据独立性表示应用程序与数据库中存储的数据不存在依赖关系，包括逻辑数据独立性和物理数据独立性。

逻辑数据独立性是指局部逻辑数据结构（外视图即用户的逻辑文件）与全局逻辑数据结构（概念视图）之间的独立性。当数据库的全局逻辑数据结构（概念视图）发生变化（数据定义的修改、数据之间联系的变更或增加新的数据类型等）时，它不影响某些局部的逻辑结构的性质，应用程序不必修改。

物理数据独立性是指数据的存储结构与存取方法（内视图）改变时，对数据库的全局逻辑结构（概念视图）和应用程序不必做修改的一种特性，也就是说，数据库数据的存储结构与存取方法独立。

3. 数据库管理系统（DBMS）是操纵和管理数据库的一组软件，它是数据库系统（DBS）的重要组成部分。不同的数据库系统都配有各自的 DBMS，而不同的 DBMS 各支持一种数据库模型，虽然它们的功能强弱不同，但大多数 DBMS 的构成相同，功能相似。

一般来说，DBMS 具有定义、建立、维护和使用数据库的功能，它通常由三部分构成：数据描述语言及其翻译程序、数据操纵语言及其处理程序和数据库管理的例行程序。

4. 一对一：一个班级有一个班长，一个班长只在一个班级担任班长。

一对多：一个班级有很多学生，一个学生只在一个班级。

多对多：一个学生学多门课，一门课多个学生学。

5. ① 数据库定义功能。

② 数据存取功能。

③ 数据库运行管理。

④ 数据库的建立和维护功能。

6. 使用数据库系统的好处是由数据库管理系统的特点或优点决定的。使用数据库系统的好处很多，例如，可以大大提高应用开发的效率，方便用户使用，减轻数据库系统管理人员维护的负担等。

7. 文件系统与数据库系统的区别：文件系统面向某一应用程序，共享性差、冗余度大，独立性差，纪录内有结构、整体无结构，应用程序自己控制。

数据库系统面向现实世界，共享性高、冗余度小，具有高度的物理独立性和一定的逻辑独立性，整体结构化，用数据模型描述，由数据库管理系统提供数据安全性、完整性、并发控制和恢复能力。

8. 数据库系统一般由数据库、数据库管理系统（及其开发工具）、应用系统、数据库管理员和用户构成。

9. 数据模型是数据库中用来对现实世界进行抽象的工具，是数据库中用于提供信息表示和操作手段的形式构架。

一般来说，数据模型是严格定义的概念的集合。这些概念精确地描述系统的静态特性、动态特性和完整性约束条件。因此数据模型通常由数据结构、数据操作和完整性约束三部分组成。

① 数据结构：是所研究的对象类型的集合，是对系统的静态特性的描述。

② 数据操作：是指对数据库中各种对象（型）的实例（值）允许进行的操作的集合，包括操作及有关的操作规则，是对系统动态特性的描述。

③ 数据的约束条件：是完整性规则的集合，完整性规则是给定的数据模型中数据及其联系所具有的制约和依存规则，用以限定符合数据模型的数据库状态及状态的变化，以保证数据的正确、有效、相容。

习题二

一、选择题

1. B   2. C   3. B   4. C   5. C   6. D   7. C   8. C   9. B   10. C   11. C   12. C   13. A

14. B

15. D   AUTO_INCREMENT 用于设置字段值自增。自增字段必须是主键。可在建表时通过给 AU-TO_INCREMENT 赋值设置自增起始值，亦可通过"ALTER TABLE 表名 AUTO_INCREMENT＝默认值"命令修改已有关系的自增起始值。

16. C   17. C   18. B   19. B   20. B

二、填空题

1. 结构化查询语言

2. 数据定义   数据控制

3. 基本表   视图

4. 非过程性强

5. if not exists

6. Real

7. Create   Alter   drop

8. 定义

9. CASCADE

10. VARCHAR

11. show create database 数据库名

12. #   --

13. rename table

14. tinyint

15. AUTO_INCREMENT

16. 4

三、判断题

1. √   2. ×   3. ×   4. ×   5. √   6. ×   7. √   8. √   9. ×   10. √

四、简答题

1. ① 综合统一。SQL 语言集数据定义语言 DDL、数据操纵语言 DML、数据控制语言 DCL 功能于一体。

② 高度非过程化。用 SQL 语言进行数据操作，只需要提出"做什么"，而无须指明"怎么做"，因此无需了解存取路径，存取路径的选择及 SQL 语句的操作过程由系统自动完成。

③ 面向集合的操作方式。SQL 语言采用集合操作方式，不仅操作对象、查找结果可以是元组的集合，而且一次插入、删除、更新操作的对象也可以是元组的集合。

④ 以同一种语法结构提供两种使用方式。SQL 语言既是自含式语言，又是嵌入式语言。作为自含式语言，它能够独立用于联机交互的使用方式，也能够嵌入高级语言程序中，供程序员设计程序时使用。

⑤ 语言简捷，易学易用。

2. SQL 的数据定义功能包括定义表、定义视图和定义索引。

SQL 语言使用 CREATE TABLE 语句建立基本表，ALTER TABLE 语句修改基本表定义，DROP TABLE 语句删除基本表。

使用 CREATE INDEX 语句建立索引，DROP INDEX 语句删除索引。

使用 CREATE VIEW 命令建立视图，DROP VIEW 语句删除视图。

3. 基本表是本身独立存在的表，在 SQL 中，一个关系就对应一个表。

视图是从一个或几个基本表导出的表。视图本身不独立存储在数据库中，是一个虚表。即数据库中只存放视图的定义而不存放视图对应的数据，这些数据仍存放在导出视图的基本表中。视图在概念上与基本表等同，用户可以如同基本表那样使用视图，也可以在视图上再定义视图。

4. 若选择 RESTRICT，则该表的删除是有限制条件的，欲删除的基本表不能被其他表的约束所引用，不能有视图、触发器、存储过程或函数等。如果存在这些依赖该表的对象，则此表不能被删除。

若选择 CASCADE，则该表的删除没有限制，在删除基本表的同时，相关的依赖对象，例如视图，将被一起删除。

5. ① ENUM 只能选一个值保存，SET 可以选多个值保存。

② SET 可以什么值都不选，ENUM 必须选择一个值。

③ ENUM 类型的列表最多可以有 65535 个值，SET 类型的列表最多可以有 64 个值。

6. ① CHAR 是定长存储方式，适合保存长度固定的字符串。

② VARCHAR 是变长存储方式，适合保存长度不定的字符串。

③ TEXT 不能设置长度，速度比 CHAR 和 VARCHAR 慢，适合保存不经常查询的文本。

④ TEXT 类型不能设置默认值。

五、综合应用题

1./＊建 S 表＊/

CREATE TABLE S(

　　　　SNO　　　　CHAR(3)PRIMARY KEY,

　　　　SNAME　　CHAR(10),

　　　　STATUS　　CHAR(2),

　　　　CITY　　CHAR(10)

);

　/＊建 P 表＊/

CREATE TABLE P(

　　　　PNO　　　CHAR(3)PRIMARY KEY,

　　　　PNAME　　CHAR(10),

　　　　COLOR　　CHAR(4),

　　　　WEIGHT　　INT

);

　/＊建 J 表＊/

CREATE TABLE J(

```
        JNO     CHAR(3)PRIMARY KEY,

        JNAME CHAR(10),

        CITY    CHAR(10)

);

/＊建 SPJ 表＊/

CREATE TABLE SPJ(

        SNO    CHAR(3),

        PNO    CHAR(3),

        JNO    CHAR(3),

        QTY    INT,

        PRIMARY KEY(SNO, PNO, JNO),

        CONSTRAINT FK_SNO FOREIGN KEY(SNO)REFERENCES S(SNO),

        CONSTRAINT FK_PNO FOREIGN KEY(PNO)REFERENCES P(PNO),

        CONSTRAINT FK_JNO FOREIGN KEY(JNO)REFERENCES J(JNO)

);
```

2. CREATE TABLE mydb.student(

        id INT UNSIGNED PRIMARY KEY AUTO_INCREMENT COMMENT´学号´,

        name VARCHAR(20)NOT NULL COMMENT´姓名´,

        gender ENUM(´男´, ´女´)NOT NULL COMMENT´性别´,

        birth_date DATE NOT NULL COMMENT´出生日期´,

        start_date DATE NOT NULL COMMENT´入学日期´,

        address VARCHAR(255)NOT NULL DEFAULT" COMMENT´家庭住址´

)DEFAULT CHARSET＝utf8;

习题三

一、选择题

1. B 2. D 3. A 4. A 5. B 6. A 7. D 8. A 9. B 10. D 11. A 12. A 13. C

14. B 15. C 16. D 17. B 18. A 19. B 20. D

二、填空题

1. REPLACE

2. DELETE   TRUNCATE

3. UPDATE

4. DROP   DELETE

5. 更新   删除

6. Insert   Update   Delete

7. WHERE

8. 元组

三、判断题

1. × 　2. × 　3. √ 　4. × 　5. √ 　6. √ 　7. √ 　8. √ 　9. × 　10. √

四、简答题

1. INSERT 和 REPLACE 语句的功能都是向表中插入新的数据。这两条语句的语法类似。它们的主要区别是如何处理重复的数据。当主键或唯一键冲突时，REPLACE 语句执行删除操作，然后执行插入操作，否则直接执行插入操作。使用 REPLACE 语句时，必须同时拥有 INSERT 及 DELETE 权限。同样情况，当主键或唯一键冲突时，INSERT 语句不允许数据插入并提示主键冲突。

2. TRUNCATE TABLE 在功能上与不带 WHERE 子句的 DELETE 语句相同：二者均删除表中的全部行。但 TRUNCATE TABLE 比 DELETE 速度快，且使用的系统和事务日志资源少。

DELETE 语句每次删除一行，在事务日志中为所删除的每行记录一项。TRUNCATE TABLE 通过释放存储表数据所用的数据页删除数据，并且只在事务日志中记录页释放。

TRUNCATE TABLE 删除表中的所有行，但表结构及其列、约束、索引等保持不变。新行标识所用的计数值重置为该列的种子。如果想保留标识计数值，请改用 DELETE。如果要删除表定义及其数据，请使用 DROP TABLE 语句。

五、综合应用题

① INSERT INTO R VALUES(25, '李明', '男', 21, '95031')

② INSERT INTO R(NO, NAME, CLASS) VALUES(30, '郑和', '95031')

③ UPDATE R SET NAME='王华' WHERE NO=10

④ UPDATE R SET CLASS='95091' WHERE CLASS='95101'

⑤ DELETE FROM R WHERE NO=20

⑥ DELETE FROMR WHERE NAME LIKE'王%'

习题四

一、选择题

1. B 　2. A 　3. C 　4. B 　5. D 　6. C 　7. C 　8. D 　9. B 　10. C 　11. B 　12. B 　13. D
14. A 　15. D 　16. C 　17. D 　18. B 　19. A 　20. D 　21. B 　22. A 　23. D 　24. C 　25. C

二、填空题

1. 结构化查询语言

2. 数据查询

3. SELECT

4. GROUP BY

5. WHERE

6. Bwtween Date( )-20 and Date( )

7. 任意多个字符　任意单个字符

8. SELECT

9. ORDER BY

10. NOT IN

11. 班级 is null

12. IN

13. group by 学号

14. 元组

15. distinct

16. LIMIT

三、综合应用题

① select * from goods where producer = '青岛海尔'

② select distinct gname from goods

③ select * from goods where price between 2000 and 3000

④ select gno, gname, price * 0.8 八折, producer from goods

⑤ select * from goods where producer in('青岛海尔', '青岛海信')

⑥ select * from goods where producer not like'%青岛%'

⑦ select top 1 stno from invent group by stno order by SUM(number) asc

⑧ select stno from invent group by stno having COUNT(gno)>2

⑨ select * from manager where birthday is null

习题五

一、选择题

1. B   2. D   3. A   4. D   5. C   6. D   7. B   8. C   9. C   10. D   11. D   12. D   13. B
14. D   15. B   16. A   17. A   18. C   19. C   20. C

二、判断题

1. ×   2. √   3. ×   4. ×   5. √   6. ×   7. √   8. ×   9. ×   10. √

三、综合应用题

① select sex, count(sex) from student group by sex;

② select sid, AVG(score) as AvgScore from sc group by sid having AVG(score)>70;

③ select s.sid, s.sname, COUNT(sc.cid) as 选课数, SUM(sc.score) as 总成绩

　　from student s left outer join sc sc

　　on s.sid = sc.sid

　　group by s.sid, s.sname

　　order by s.sid;

④ SELECT COUNT(*) FROM teacher WHERE tname LIKE'李%';

⑤ select s.sid, s.sname

　　from student s

　　where s.sid in

　　(

　　　　select sc.sid

　　　　from sc sc, course c, teacher t

　　　　where c.cid = sc.cid and c.tid = t.tid and t.tname = '朱大标'

　　　　group by sc.sid

  having COUNT(sc.cid) =

  (

    select COUNT(c1. cid)

    FROM course c1, teacher t1

    where c1. tid = t1. tid and t1. tname = ' 朱大标'

)

) ;

⑥ select s.sid, s.sname from student s

  where s.sid not in(select sc1. sid from ex.sc sc1, ex.course c, teacher t

    where c.tid = t.tid and c.cid = sc1. cid and t.tname = ' 李四')

⑦ select s.sid, s.sname

  from student s,

  (select sc1. sid, sc1. score from sc sc1 where sc1. cid = ' 002') a,

  (select sc2. sid, sc2. score from sc sc2 where sc2. cid = ' 001') b

  where s.sid = a.sid and s.sid = b.sid and a.sid = b.sid and a.score<b.score;

⑧ select s.sid, s.sname

  from student s

  where s.sid in

  (

    select sc.sid

    from sc sc, course c, teacher t

    where c.cid = sc.cid and c.tid = t.tid and t.tname = ' 李四'

    group by sc.sid

    having COUNT(sc.cid) =

    (

      select COUNT(c1. cid)

        FROM course c1, teacher t1

      where c1. tid = t1. tid and t1. tname = ' 李四'

)

)

⑨ delete from sc where cid = (select cid from course where tid = (select tid from teacher where tname = ' 赛西西'))

习题六

一、选择题

1. C 2. C 3. D 4. A 5. D 6. B 7. C 8. C 9. A 10. A 11. B 12. D 13. D
14. B 15. B 16. D 17. C 18. D 19. D 20. C

二、判断题

1. × 　2. √ 　3. × 　4. √ 　5. √ 　6. √ 　7. × 　8. × 　9. × 　10. √

三、综合应用题

① Create index phone_idx on student(phone desc) ;

② Create index stu_cour_idx on score(s_no, c_no) ;

③ Create unique index cname_idx on course(c_name, t_no) ;

④ Create index mark on teacher(t_name, prof) ;

⑤ Drop index mark on teacher ;

⑥ Alter table course drop index cname_idx ;

⑦ Create view v_teacher as select * from teacher ;

⑧ Create view stu_score as

　　Select student.s_no, student.s_name, student.phone, score.c_no, score.final

　　from student, score

　　where student.s_sex = '女' and student.s_no = score.s_no ;

⑨ Create view v_teach as

　　select t_no, t_name, prof from teacher

　　where department = '软件学院' and prof not in('教授', '副教授') ;

⑩ Show create view stu_score ;

⑪ Alter view v_teach(教师号, 教师名, 专业) as

　　　select t_no, t_name, prof from teacher

　　　　where department = '软件学院' and prof in('教授', '副教授') ;

⑫ Drop view v_teach ;

⑬ Create view view_avg as select avg(final) from score group by c_no order by c_no asc ;

⑭ Insert into v_teacher values('t07027', '谢天', '教育学', '副教授', '信息工程学院') ;

⑮ Update v_teacher set prof = '副教授' where t_no = 't07019' ;

⑯ Delete v_teacher where t_no = 't07027' ;

⑰ Update stu_score set student_phone = '888888' where student_s_no = '21122221324' ;

习题七

一、选择题

1. B 　2. A 　3. D 　4. B 　5. D 　6. A 　7. D 　8. C 　B 　9. A 　10. C 　11. D 　12. C 　13. B 　14. A

15. B 　16. C 　17. C 　18. C 　19. A 　20. B

二、综合应用题

1. ① create database Test1 ;

② create table emp(

　id int primary key,

　name varchar(10) not null,

　phone varchar(11) unique,

　addr varchar(50)

）；

③ alter table emp change phone telephone varchar(11)；

④ alter table emp rename to employee；

⑤ alter table employee engine=MyISAM；

2. ① use mysql；

　create user user1@localhost identified by'123456'；

　create user user2@localhost identified by'123456'；

② rename user user2@localhost to user3@localhost；

③ set password for user3@localhost='1234'；

④ drop user'user3'@'localhost'；

⑤ 如图8-21所示。

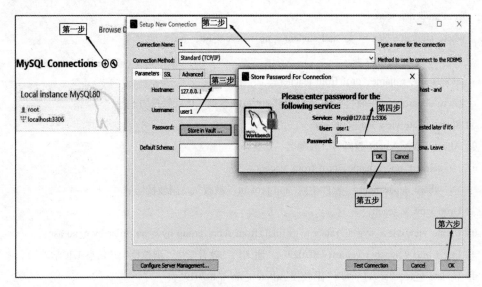

图8-21　问题⑤答案

⑥ grant all on table stu_ms.Teacher to user1@localhost；

⑦ grant insert, update, delete on table stu_ms.teacher to user1@localhost；

⑧ grant all on table stu_ms.* to user1@localhost；

⑨ grant select on table stu_ms.Student to user1@localhost；

⑩ revoke select on stu_ms.Teacher from user1@localhost；

⑪ revoke all privileges, grant option from user1@'localhost'；

习题八

一、选择题

1. B　2. C　3. B　4. C　5. B　6. D　7. A　8. B　9. B　10. A　11. D

二、填空题

1. 事件

2. 触发

3. 复杂业务

4. 存储过程

5. 审计表

三、简答题

1. 存储过程是将 SQL 语句放到一个集合中，然后直接调用存储过程执行已经定义好的 SQL 语句集合，这样做可以避免开发人员重复编写相同的 SQL 语句。另外，存储过程还可以减少数据在数据库和应用服务器之间的传输次数，可以提高数据的处理效率。语句参见课本。

2. 触发器(trigger)是一个特殊的存储过程，不同的是，执行存储过程要使用 CALL 语句来调用，而触发器的执行不需要使用 CALL 语句来调用，也不需要手动启动，当一个预定义的事件发生时，就会被 MySQL 自动调用。

3. ① 标准化。在整个应用上，触发器保证了数据的完整性和一致性，一旦在表上建立了触发器，它就存储在数据库中。这种方法消除了各客户应用程序的冗余编码，便于规则发生变化时对编码进行修改。② 高效率。触发器初始执行后，作为编译的代码执行。它的运行速度快，与在客户工作站上执行这些代码相比，在服务器上执行这些代码减少了网络通信量和网络冲突；触发器把数据完整性代码放在服务器平台上，比放在客户工作站上更有效。③ 安全性。触发器运行要有表主人的授权，但是，触发器能够被在表中插入、删除、修改记录的任何一个用户触发。任何一个应用程序或交互式子用户都无法避开触发器。

4. 触发器的主要作用就是其能够实现由主键和外键所不能保证的复杂的参照完整性和数据的一致性。

5. 参见课本。

6. 参见课本。

四、综合应用题

1. DELIMITER //

CREATE PROCEDURE test6(   )

BEGIN

select * from Student where SDEPT = '计算机系';

END //

DELIMITER;

2. DELIMITER //

CREATE PROCEDURE test7(in name1 varchar(20))

BEGIN

select SNO, SAGE from Student where SNAME = name1;

END //

DELIMITER;

3. call test7('张海');

4. DELIMITER //

CREATE PROCEDURE test8(in name2 varchar(10))

BEGIN

select TDEPT from Teacher where SNAME=name2;

END //

DELIMITER ;

5. DELIMITER //

CREATE FUNCTION test9(sn varchar(20), cn varchar(20))RETURNS int

BEGIN

RETURN(SELECT GRADE FROM Course a, Sc b, Student c

WHERE a.CNO=b.CNO and c.SNO=b.SNO and sname=sn and cname=cn);

END //

DELIMITER ;

6. DELIMITER //

create trigger tri_stuInsert after insert on student for each row

begin

declare c int;

set c=(select stuCount from class where classID=new.classID);

update class set stuCount=c+1 where classID=new.classID;

end //

DELIMITER ;